バイオインフォマティクスシリーズ **4**

システムバイオロジー

浜田 道昭 監修

宇田 新介 著

コロナ社

シリーズ刊行のことば

　現在の生命科学においては，シークエンサーや質量分析器に代表される計測機器の急速な進歩により，ゲノム，トランスクリプトーム，エピゲノム，プロテオーム，インタラクトーム，メタボロームなどの多種多様・大規模な分子レベルの「情報」が蓄積しています。これらの情報は生物ビッグデータ（あるいはオミクスデータ）と呼ばれ，このようなデータからいかにして新しい生命科学の発見をしていくかが非常に重要となっています。

　このような状況の中でその重要性を増しているのが，生命科学と情報科学を融合した学際分野である「バイオインフォマティクス」（生命情報科学，生物情報科学）です。バイオインフォマティクスは，DNA やタンパク質の配列などの，生物の配列情報をディジタル情報として捉え，コンピュータにより解析を行うことを目的として誕生しました。このような，生物の配列情報を解析するバイオインフォマティクスの一分野は「配列解析」と呼ばれます（これは本シリーズでも主要なテーマとなっています）。上述の計測機器の進歩とともに，バイオインフォマティクスはここ数十年で飛躍的に発展し，いまや配列解析にとどまらずに，トランスクリプトーム解析，メタボローム解析，プロテオーム解析，生物ネットワーク解析など多岐にわたってきています。また，必要な知識も，統計学，機械学習，物理学，化学，数学などの多くの分野にまたがっています。しかしながら，これらのバイオインフォマティクスの多岐にわたる分野を，教科書的・体系的に学ぶことができる成書シリーズは，国内外を見てもほとんどありません。

　そこで，大学生，大学院生，技術者，研究者などに，バイオインフォマティクスの各分野を体系的に学習することを可能とするための教科書を提供することを目的として本シリーズを企画しました。これを実現するために，バイオイン

フォマティクス分野の最前線で活躍をしている，若手・中堅の研究者に執筆を依頼しております。執筆者の方々には，バイオインフォマティクス研究の基盤となる理論やアルゴリズムを中心に，可能な限り厳密かつ自己完結的に解説を行うようにお願いしています。そのため，本シリーズは，大学などにおけるバイオインフォマティクスの講義の教科書として活用可能であるのみならず，読者が独学する場合にも最適な書籍になっていると確信しています。

　最後になりますが，本シリーズの企画の段階から辛抱強くサポートしてくださったコロナ社の皆様に御礼を申し上げます。本シリーズが，今後のバイオインフォマティクス研究さらには生命科学研究の一助となることを切に願います。

　2021 年 9 月

「バイオインフォマティクスシリーズ」監修者　浜田道昭

ま　え　が　き

　システムバイオロジーの目的は「生物をシステムとして理解すること」であるが，そのためには数理モデルを駆使したデータ解析や数値シミュレーションが欠かせない。その点では，システムバイオロジーは近年の目覚ましい計算機性能の向上と情報科学の進歩の上に成り立っているともいえる。一方で，数理モデルを用いた解析ではデータの定量性が重要であり，システムバイオロジーの発展は測定技術の進歩にも支えられている。すなわち，システムバイオロジーは，情報科学と測定技術の両者の進歩によってもたらされている。そのため生物学の歴史の中では比較的新しい研究分野であって，従来の生物学では対象の定性的理解に留まることが多かったのに対して，数理モデルによってシステムとして記述することで定量的かつより整合的な生命現象の理解を得ることができる。ひいては，システムとしての理解に留まらず，定量性と整合性によって新たな発見がもたらされることを期待している。

　システムバイオロジーは目的をベースに構築される学問分野であって，利用する手法が主体となって構築される分野ではない。そのこともあって，システムバイオロジーでは手法に関しては，現状では分野特有の代表的なものがあるわけではなく，生化学における反応速度論や制御工学，情報理論，統計学などの他分野からさまざまな技術がもち寄られて分野が成立している。したがって，用いられている手法は多岐にわたるため，本書においてはできるだけ広く基本的かつ主要なものをカバーすることを心掛けたが，その対象の広さと著者の限られた力量もあり，カバーしきれていない部分もある点はご寛容いただけるとありがたい。

　1章では，理解しやすいように近年の研究例を交えて，システムバイオロジーの概念を説明している。生化学反応をベースにしたシステムの記述と数値シミュ

レーションがよく用いられていることから，2章では常微分方程式による決定論的なシステムについて述べる。常微分方程式システムの中でも線形時不変システムとなる場合には，システムの入出力特性を周波数応答を通して特徴づけることができることを3章で述べる。4章では，2章と同じように生化学反応をベースにしているが決定論的ではなく，確率論的にシステムを記述し，数値シミュレーションを行う方法について述べる。2章から4章までが順問題を対象としているのに対して，5章と6章では，データセットからパラメータや入出力関係を推定する逆問題を対象としている。5章では，2章で述べた常微分方程式システムのパラメータをデータセットから推定する方法について述べる。一方で6章では，ブラックボックスとしてシステムを捉える，統計モデルによる入出力関係のモデリングと推定方法について述べる。脳などに比べて細胞などの比較的低次の情報処理に対して，情報理論を適用した情報伝達の解析について7章で述べる。7章の前半で情報理論の基礎について説明し，後半で解析方法と適用例について述べる。また，全体を通して数学的な記述に関しては，数学的な厳密性よりも直観的な理解を優先するようにした。

　本書は，大学初年級における教養課程相当での微分積分と線形代数の基礎を学んだ学部生以上を読者に想定して書いた。本書をきっかけに，一人でも多くシステムバイオロジーに興味をもつ読者が増えてくれれば幸いである。

　早稲田大学理工学術院の浜田道昭氏には，本書を執筆する機会をいただいた。浜田氏に加えて，大阪大学蛋白質研究所の飯田渓太氏，広島大学大学院統合生命科学研究科の藤井雅史氏，九州大学生体防御医学研究所の久保田浩行氏および松崎芙美子氏には，原稿を読んでいただき貴重なご意見をいただいた。また，東京大学大学院理学系研究科の黒田真也氏からはご厚意により，PC12細胞の画像データおよびERK，c–FOSの測定データをご提供していただいた。各氏に深く感謝を申し上げたい。最後に，本書を担当してくださったコロナ社編集部の方々に心から感謝を申し上げたい。

　2022年2月

宇田新介

目　　　次

1.　システムバイオロジーの基礎的概念

2.　常微分方程式（ODE）モデル

3.　線形時不変システム

4.　確率過程による反応モデル

5.　パラメータ推定

6.　統 計 モ デ ル

7.　情報理論的アプローチ

1 システムバイオロジーの基礎的概念

システムとは，「ある目的や機能を実現するために有機的に結合した複数の要素の集合」と考えられる。例えば，飛行機や電車，自動車は，輸送という目的，もしくは乗り物という機能を実現するために，複数の部品の組合せからなる人工的なシステムとして捉えることができる。また，飛行機や電車，バスを乗り継ぐことでいろいろな所へ行けるが，この観点からは，航空ネットワーク，鉄道ネットワーク，バスのネットワークそれぞれを，飛行機，電車，バスのそれぞれが要素である輸送システムと捉えることができるし，乗り物の区別なくそれら全体を交通システムとして捉えることもできるだろう。人工的なものにかぎらず，大気や海洋などの自然環境や太陽とその周りを回る惑星もシステムとして捉えることができる。この考えに従えば，当然，生命をシステムとして捉えることは可能であり，細胞や臓器，個体など解析の目的に合わせてそれぞれのレベルで対象をシステムとして捉えることができる。

生物システムの理解は，概念的に四つのレベルに分けることができる。本章では，ERK経路，血糖値の制御，および出芽酵母の浸透圧ストレス応答の各例を通して，それぞれのレベルに対応した理解とはどのようなものであるかを具体的に概観する。

1.1 システムバイオロジーとは

システムバイオロジー（systems biology）は，北野宏明氏によって1990年代中ごろから提唱された「生物をシステムとして理解することを目的とした学

問分野」である[1],[2]†1。北野氏によれば，生物システムの理解はつぎの四つの
レベルに分けられる。著者なりに本書に沿った説明を行えば

システムの構造

分子種間相互作用の構造，およびそれらの生化学反応に付随するパラメー
タなど，主に物理的な構造に関連した同定†2を行う。

システムの分析

生物システムの動的特性や特徴を，定量的，もしくは定性的に理解する。

システムの制御

生物システムを，所望の状態に制御するための入力や方法を得る。

システムの設計

所望の生物システムを構築する，もしくは改変するための設計方法を得る。

となる。これらのレベルには階層的な関係があって，システムの分析を適切に
行うためには，システムの構造をある程度把握している必要があるし，システ
ムを制御するには，そのシステムの動的特性や特徴を踏まえたほうが有利であ
る。また，所望のシステムを設計するには，生物システムを熟知している必要
があり，システムの構造，分析，制御の理解の上に成り立つと考えられる。裏を
返せば，システムの構造を同定することが，システムバイオロジーの第一歩と
して非常に重要であるということになる。本書では，システムの構造を同定す
ることを生物システムを数理モデルとして定式化することとして再定義し，1.3
節でシステムバイオロジーの具体的な例を挙げ，システムの構造，分析，制御，
設計について説明したい。

1.2 生物学の基礎

生命現象は主に分子の相互作用†3によって担われており，タンパク質は直接

---

†1 肩付き数字は，巻末の引用・参考文献の番号を表す。
†2 物理的な構造そのものである必要はなく，現象論的，もしくは縮約的なモデルを含む。
†3 ここでいう相互作用は，必ずしも物理的に直接作用するものだけにかぎらない。

的，もしくは間接的にそれら多くの相互作用に関わっている。酵素と呼ばれるタンパク質の中には，タンパク質より分子量が小さな代謝物である糖，アミノ酸，脂質などの合成や分解の反応を触媒するものもある。タンパク質は，一部の例外を除いて 20 種類のアミノ酸から構成されており，アミノ酸配列が折り畳まって立体構造をとることで機能する。タンパク質をつくるためのアミノ酸配列の情報は，**DNA**（deoxyribonucleic acid，**デオキシリボ核酸**）と呼ばれる分子の配列にコードされている。DNA は**ヌクレオチド**（nucleotide）と呼ばれる基本構成要素からなり，ヌクレオチドにある 4 種類の塩基の組合せによって情報がコードされている。4 種類の塩基は，**アデニン**（**A**），**シトシン**（**C**），**グアニン**（**G**），**チミン**（**T**）である。

　原理的には DNA にはタンパク質を構成するアミノ酸配列の情報が含まれていると考えることができるが，DNA から直接情報が読み出されてタンパク質がつくられるのではなく，いったん，**RNA**（ribonucleic acid，**リボ核酸**）と呼ばれる分子を経由してタンパク質がつくられる。DNA 上の一部の領域の塩基配列情報が RNA にコピーされる形で，RNA が合成される。このコピーの過程は，**転写**（transcription）と呼ばれる。DNA と同じく RNA にも 4 種類の塩基を使ってアミノ酸配列の情報がコードされるが，RNA ではアデニン（A），シトシン（C），グアニン（G）に加えて，チミン（T）ではなく**ウラシル**（**U**）が使われる。

　DNA から転写された RNA の塩基配列情報に基づいてタンパク質は合成され，この過程は**翻訳**（translation）と呼ばれる。20 種類のアミノ酸は，4 種類の塩基から三つの塩基を組み合わせることによってコードされており，このアミノ酸に対応する三つの塩基の組合せは，**コドン**（codon）と呼ばれる。コドンとアミノ酸の対応は 1 対 1 ではなく，複数のコドンが 1 種類のアミノ酸に対応している場合がある。また，アミノ酸に対応せず翻訳の終止を意味するコドンもある。DNA から RNA を経てタンパク質が合成されるこれら一連の過程は，大腸菌などの単細胞生物からヒトなどの高等生物に至るまで共通しており，分子生物学における**セントラルドグマ**（central dogma，**図 1.1**）と呼ばれている。

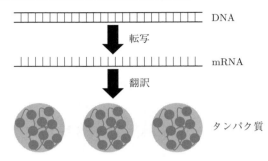

図 1.1　分子生物学におけるセントラルドグマ

転写（**図 1.2**）と翻訳（**図 1.3**）の各過程はともに生化学反応と見なすことができ，**酵素**（enzyme）などによって調節されている。転写は，**RNA ポリメラーゼ**（RNA polymerase，図 1.2 の **RNA pol**）という酵素によって行われ

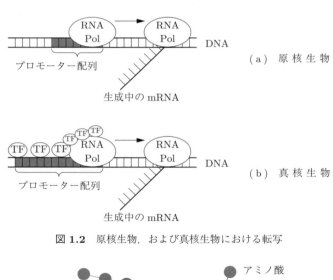

図 1.2　原核生物，および真核生物における転写

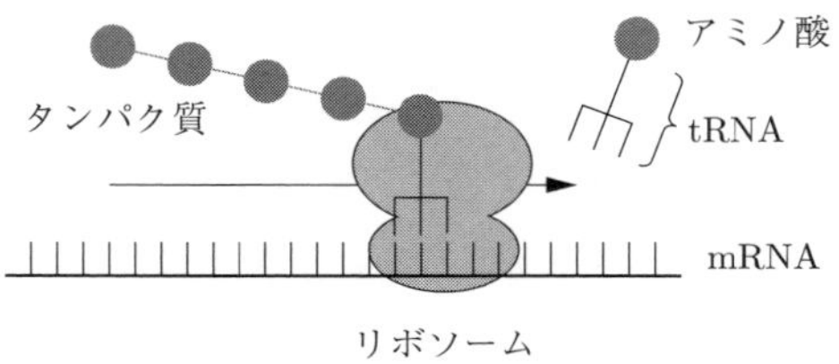

図 1.3　タンパク質の翻訳

る。酵素とは，生化学反応を触媒する分子のことで，生体内では多くがタンパク質によって担われている。転写で合成される RNA は必ずしもすべてが翻訳に使われるわけではなく，翻訳以外の用途に使われる RNA も存在する。翻訳に使われる RNA は，メッセンジャー **RNA**（**mRNA**）と呼ばれる。ここでは，mRNA の転写に限定して説明を行う。

　転写の仕組みは，原核生物と真核生物で異なっている。原核生物は大腸菌などのように核をもたない生物であり，真核生物には核が存在する。原核生物における転写では，RNA ポリメラーゼが DNA 配列を認識し，転写が始まる点である転写開始点の上流にある**プロモーター**（promoter）と呼ばれる部位に結合する。転写は，RNA ポリメラーゼがプロモーターに結合して始まり，**ターミネータ**（terminator）と呼ばれる特定の配列を認識することで RNA ポリメラーゼが DNA から離れて終了する。

　一方，真核生物では原核生物と比べて，転写はより複雑な仕組みになっている。真核生物では，**基本転写因子**（basal transcription factor，図 1.2 の **TF**）†と呼ばれるタンパク質が，DNA のプロモーター部位の配列を認識して結合する。プロモーターは特定の配列をもつことが多いが，基本転写因子の結合は特異的とはかぎらず，完全に同一な配列でなくとも基本転写因子が結合することがある。基本転写因子を介することで，RNA ポリメラーゼが DNA に結合して転写が開始され，ターミネータの認識によって終了する。また，真核生物の遺伝子をコードする DNA 配列は**イントロン**（intron）および**エクソン**（exon）と呼ばれる 2 種類の領域に分けることができ，転写直後の RNA 配列はイントロンおよびエクソンの両方からなるが，その後，イントロン部分が切り離されてエクソン部分のみがつなぎ合わされて mRNA がつくられる。これら一連の過程

---

　†　転写因子には，基本転写因子と転写調節因子がある。転写調節因子は原核生物と真核生物の両方にあるが，基本転写因子は真核生物のみにある。基本転写因子が目印のような役割をして RNA ポリメラーゼの転写開始を助けているのに対して，転写調節因子はプロモーター部位に結合し，遺伝子発現の促進または抑制を行っている。また，原核生物は基本転写因子がなくとも転写を開始できるが，真核生物では基本転写因子なしに転写を開始することはできない。

はスプライシング（splicing）と呼ばれ，核内で行われる。転写が行われた後，翻訳が原核生物および真核生物ともに細胞質にあるリボソーム（ribosome）と呼ばれる部位にて行われる。

遺伝子（gene）は，DNA 配列上のイントロンとエクソンからなる領域で遺伝的な形質を規定する因子を指すことが多いが，このように遺伝子に当たる DNA 配列のすべてにタンパク質のアミノ酸配列の情報が含まれているとはかぎらず，翻訳の対象となる領域は部分的である。また，翻訳はされないが転写された RNAが生物学的な機能をもつ領域を含めて遺伝子とすることもある。ある遺伝子からmRNA が合成されることを，遺伝子発現（gene expression）という。

生命現象を担うタンパク質の相互作用はいくつかの種類に分けることができて，その中でも，複数のタンパク質が結合して複合体を形成する相互作用，およびシグナル伝達（signal transduction）と呼ばれる生化学反応を利用した情報伝達または情報処理に相当する相互作用がある。複数のタンパク質が特異的に結合した集合体はタンパク質複合体と呼ばれ，数多くあるがヒストン（histone）やリボソームなどがよく知られている。ヒストンは，DNA を折り畳んで核内に収納する役割をもっている。また，リボソームは巨大なタンパク質複合体で，前述のように細胞質にあってここでタンパク質合成が行われる。シグナル伝達では，細胞膜上にある受容体（receptor）と呼ばれるタンパク質からなる機構が，細胞外の環境変化や他の細胞から分泌されたホルモンなどに反応する。受容体には特異性があり，受容体に分泌されたホルモンなどが結合すると，受容体は化学修飾や構造変化を伴って活性化する。

化学修飾にはいくつかの種類があるが，リン酸化（phosphorylation）と呼ばれるタンパク質の特定の部位にリン酸基が付加される修飾（図 1.4，P はリン酸基を表す）がなされることがよく知られているので，ここではタンパク質の活性化にリン酸化を仮定する。リン酸化されたタンパク質は，その構造が変わるなどして活性化する。酵素として働くタンパク質が活性化することで，そのタンパク質が酵素として介在している反応が促進される。リン酸化されて活性化されたタンパク質が，他のタンパク質のリン酸化を促進する酵素であることも少

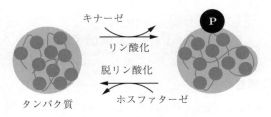

図 1.4　タンパク質のリン酸化

なくない。タンパク質をリン酸化する酵素は，**キナーゼ**（kinase，**タンパク質リン酸化酵素**）と呼ばれる。逆に，タンパク質からリン酸基を除去する**脱リン酸化**（dephosphorylation）を促進する酵素は，**ホスファターゼ**（phosphatase，**脱リン酸化酵素**）と呼ばれる。キナーゼがリン酸化を受けて活性化した結果，活性化されたそのキナーゼが下流のキナーゼのリン酸化を促進することもある。さらに，そのキナーゼがまたさらに下流の別のキナーゼのリン酸化を促進し，数段階の反応が連鎖的に進むことがある。このように連鎖的に進む反応を，**カスケード**と呼ぶことがある。リン酸化反応のカスケードによって，受容体で受けた細胞外部の情報は細胞内部へと伝達されるとともに，その伝達される過程で情報処理がなされていると考えられている。

　シグナル伝達における反応では通常は受容体が起点となるので，受容体側を**上流**，反応が連鎖的に進んでいく側を**下流**と呼ぶことが多い。シグナル伝達の下流に転写因子が存在し，その活性が制御されていることも多く，シグナル伝達は遺伝子発現の調節にも関わっている。そのため，シグナル伝達は生命現象をシステムとして理解する上で重要な部分となることも少なくない。また，上記ではリン酸化が酵素を活性化する反応を例に説明を行ったが，実際にはリン酸化によって酵素が不活性化される反応もある。

　本節の記述は，本書を理解する上での最小限の生物学的基礎に留めている。さらなる理解を求める読者は，本シリーズ 1 の「バイオインフォマティクスのための生命科学入門」を参照してほしい。

1.3　いくつかの例

1.3.1　ERK 経路のモデル

ERK（extracellular signal–regulated kinase）は酵素の一種であり，リン酸化によって活性化する。活性化の時間変化は細胞が外界から受けるさまざまなシグナルに依存し，細胞の増殖や分化の制御に重要な役割を担っていることが知られている。例えば，ラット副腎褐色細胞腫由来の**PC12 細胞**（PC12 cells）においては，ERK 活性化の時間変化がとるパターンに応じて増殖または分化の**細胞運命**（cell fate）が決定される。**EGF**（epidermal growth factor，**上皮成長因子**）濃度が一定であるステップ状の刺激（**図 1.5**）を PC12 細胞に与えると，ERK の活性化は一過的に増大し，PC12 細胞は増殖する。一方，**NGF**（nerve growth factor，**神経成長因子**）濃度が一定であるステップ状の刺激を PC12 細胞に与えると，ERK の活性化は一過的に増大した後，やや減少するものの刺激前より高止まりした状態で持続し，PC12 細胞は神経細胞へと分化する（**図 1.6**）。

図 1.5　EGF 濃度が一定の
ステップ状の刺激

ERK はこの他にもさまざまな生命現象に関わることが知られていて，ERK 周辺の経路に関して生物学的知見が積み重ねられており，**図 1.7** で表されるような反応があることがわかっている。ここで，2 種類の矢印による表記は，「$A \rightarrow B$」は分子種 A が分子種 B を活性化し，「$A \dashv B$」は分子種 A が分子種 B を抑制することを表している。

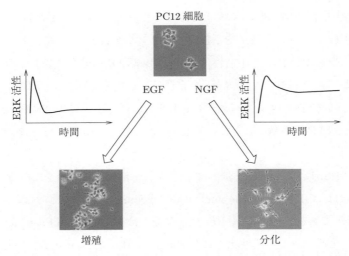

図 1.6 PC12 細胞における成長因子によって異なる細胞運命の決定

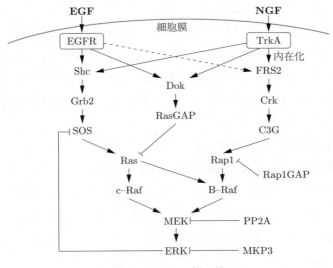

図 1.7 ERK 経 路

　実際に，EGF による刺激では，EGF が受容体である EGFR に結合して自己リン酸化を促進し，アダプタータンパク質である Shc と Grb2 が自己リン酸化された受容体に結合する。ここで**アダプタータンパク質**（adaptor protein）

は，受容体と下流の制御因子の結合を媒介している。Shc と Grb2 は，受容体と低分子量 G タンパク質 Ras を活性化するタンパク質 SOS の結合を媒介する。Dok は，受容体と Ras を不活性化させる RasGAP の結合を媒介する。NGF 刺激では，NGF は TrkA に結合して自己リン酸化を促進する。FRS2, Crk は TrkA と，低分子量 G タンパク質 Rap1 を活性化させる C3G の結合を媒介する。Rap1GAP は刺激によらない一定の活性をもち，Rap1 の不活性化を制御している。

　Ras や Rap1 などの低分子量 G タンパク質を活性化する分子である SOS や C3G などは，**GEF**（guanine nucleotide–exchange factor）と呼ばれ，不活性化する分子である RasGAP や Rap1GAP などは，**GAP**（GTPase–activating protein）と呼ばれる。活性化された Ras は c–Raf と B–Raf を活性化し，活性化された Rap1 は B–Raf を活性化する。活性化された c–Raf および B–Raf は MEK を活性化し，活性化された MEK が ERK を活性化する。活性化された ERK が下流の転写因子などを活性化して，細胞の増殖や分化が制御される。Ras は EGF および NGF 刺激によって活性が一過的に増大し，Rap1 は NGF 刺激のみによって持続的に活性化される。上流にあるこれら Ras または Rap1 の一過的または持続的な活性化を受けて，ERK の一過的または持続的な活性化が引き起こされることがわかっている。

　このように ERK 経路は複雑に見えるが，これらの生化学反応を基にした複雑な**常微分方程式**（ordinary differential equation：**ODE**）モデルを経て，ERK の EGF 刺激および NGF 刺激に対する応答を再現する簡単な ODE モデルが得られている[3]。$x_{\mathrm{GEF}}, x_{\mathrm{GAP}}, x_{\mathrm{Ras}}$ をそれぞれ GEF，GAP，Ras の活性化の割合として，刺激 S に対する Ras の応答は

$$\frac{dx_{\mathrm{GEF}}}{dt} = S(1 - x_{\mathrm{GEF}}) - x_{\mathrm{GEF}} \tag{1.1}$$

$$\tau \frac{dx_{\mathrm{GAP}}}{dt} = S(1 - x_{\mathrm{GAP}}) - x_{\mathrm{GAP}} \tag{1.2}$$

$$\frac{dx_{\mathrm{Ras}}}{dt} = k x_{\mathrm{GEF}} - (k x_{\mathrm{GEF}} + x_{\mathrm{GAP}}) x_{\mathrm{Ras}} \tag{1.3}$$

とモデル化される（図 **1.8**）。τ は，GEF の時定数を 1 に正規化したときの GAP の相対的な時定数，k は Ras の平衡定数である。一方，刺激 S に対する Rap1 の応答は，x_{Rap1} を Rap1 の活性化の割合，GAP の活性化の割合を一定として実定数 p とすると

$$\frac{dx_{\mathrm{GEF}}}{dt} = S(1 - x_{\mathrm{GEF}}) - x_{\mathrm{GEF}} \tag{1.4}$$

$$x_{\mathrm{GAP}} = p \tag{1.5}$$

$$\frac{dx_{\mathrm{Rap1}}}{dt} = kx_{\mathrm{GEF}} - (kx_{\mathrm{GEF}} + x_{\mathrm{GAP}})x_{\mathrm{Rap1}} \tag{1.6}$$

とモデル化される（図 **1.9**）。

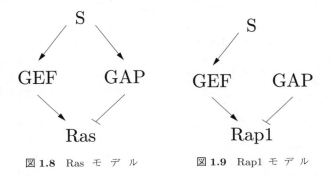

図 **1.8** Ras モデル　　　　図 **1.9** Rap1 モデル

このように，モデルを定式化することがシステムの構造を同定する部分に対応している。また，Ras モデルも Rap1 モデルも図 1.7 にあるように生化学的に詳細な ERK 経路から見れば，かなり簡単化されていることがわかるだろう。生化学的に詳細なモデルと，Ras モデルまたは Rap1 モデルのように簡単化された縮約モデルのどちらがよいかは，モデルを使う目的によると考えられる。Ras モデルと Rap1 モデルは，それぞれ ERK の一過的，および持続的な活性化の特徴をよく再現することがわかっており（図 **1.10**，図 **1.11**），ERK の EGF 刺激または NGF 刺激に対する動的特性を調べる上では十分である。一方，ERK 周辺の分子機構も含めた挙動や摂動に興味があるのなら，複雑なモデルが必要になると考えられる。

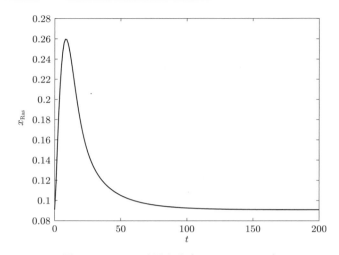

図 1.10 Ras の時間波形（$\tau = 50$, $k = 0.1$）

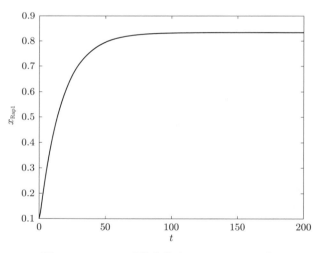

図 1.11 Rap1 の時間波形（$p = 0.01$, $k = 0.1$）

Ras モデルの式 (1.1), (1.2), (1.3) から，$\tau \gg 1$ で GAP の応答が GEF に比べて十分遅いことにより，Ras の GEF による活性化の後に Ras が遅れて抑制されることで，一過的な活性化が生じていることがわかる。ここで，$a \gg b$ は，a が b より非常に大きいことを表している。また，各左辺を 0 とおいて定常状

態を調べると

$$x_{\mathrm{Ras}} = \frac{k}{k+1}$$

となって，Ras の定常状態は刺激 S に依存せず，つねに一定の値に戻ることが保証されていることがわかる。この性質は ERK に一過的な活性化をもたらすことに寄与するとともに，意図しない EGF の分泌などが生じたとしても，持続的な活性化を引き起こさせずに誤った分化を生じさせない仕組みになっていると考えられる。一方で，同様に式 (1.4), (1.6) の各左辺を 0 とおいて，Rap1 モデルの定常状態を調べると

$$x_{\mathrm{Rap1}} = \frac{k\dfrac{S}{1+S}}{k\dfrac{S}{1+S} + p}$$

であるが，k と p はシステムごとに固定されるパラメータで，いまは動的特性を調べる上で $k = p = 1$ としても一般性を失わない。すると

$$x_{\mathrm{Rap1}} = \frac{S}{1+2S}$$

となって，刺激 S に応じて決まることがわかる。これら動的特性を調べることがシステムの分析に当たり，システムの構造が同定されることによって系統的な理解へとつながっている。

1.3.2　血糖値の制御

糖は生命活動を担う大事なエネルギー源であり，血中の糖の濃度である血糖値の過度な低下はけいれんや意識障害などの生命の危機を招く恐れがある。一方で，過剰な摂取による過度な血糖値の上昇も血管障害などの害を身体に及ぼす可能性がある。血糖値は摂食による糖の取込みによって増加し消費によって低下するが，身体には，血中から肝臓や筋肉に糖を取り込んだり，逆に肝臓や糖以外の物質から糖を生成して血中に放出して，血糖値を一定に制御するような仕組みがある。しかし，糖を過剰に摂取するなどのさまざまな要因によって

制御の限界を越えて慢性的な高血糖が引き起こされることがあり，慢性的な高血糖は 2 型糖尿病の発症を招く恐れがある。近年は世界的に 2 型糖尿病患者が増加傾向にあることもあって，血糖値を適切に管理することの関心が高まっている。

インスリン（insulin）は，膵臓から分泌されるホルモンの一種で，肝臓や筋肉に働きかけて糖の取込みを促進させる作用があり，血糖値を下げる効果のある唯一のホルモンである。健常者では，インスリンの作用によって，通常は血糖値は一定の範囲内に収まっている。一方で，2 型糖尿病患者においては，原因はまだ完全には解明されていないが，主に生活習慣の乱れが関与して肝臓や筋肉に対するインスリンの効果が低下する**インスリン抵抗性**（insulin resistance）が現れることにより，血糖値の適切な制御が難しくなっていると考えられている。特に，インスリン抵抗性によって下がりにくくなった摂食後の血糖値を抑えるためにインスリン分泌量が増えることで，膵臓の負担が増してくる。このような状態が長期間に及んで継続することで膵臓が疲弊し，2 型糖尿病の末期では最終的にインスリンを自分で分泌できなくなる。したがって，高血糖は膵臓に過度な負担をかけることになるため，2 型糖尿病患者は当然のことながら，健常者であっても予防的な観点からできるだけ避けることが好ましい。

このように，摂食時においてインスリン分泌によって血糖値を低下させる仕組みが働いているが，インスリン濃度と血糖値の挙動の関係は非線形な要素が入っていて実は自明ではない。さらにいえば，摂食による糖の取込みとインスリン分泌のタイミングによっても，血糖値の挙動は左右される。このことは，同じ量の糖質を摂取するにしても摂取の仕方で血糖値の上り方が異なることを意味しており，摂取の仕方次第では最大血糖値やインスリン分泌の量を抑えられることが期待される。それでは，どうすれば，最大血糖値やインスリン濃度を最も抑える摂取方法，すなわち摂取パターンがわかるのだろうか。実際に，被験者がさまざまな摂取パターンを試して試行錯誤的に調べるというのは，摂取パターンの多様さを考えると現実的ではないと思われる。だからといって，摂取パターンを最初から限定して数を絞って調べるのでは客観性を欠いてしまう。

　このような問題に対しては，糖質の摂取を入力としたインスリン作用と血糖値の制御関係のモデルを同定し，同定されたモデルに対するシミュレーションを基に，最大血糖値やインスリン濃度を最小にするような摂取パターンを評価するというアプローチが有効である[4]。このようなアプローチでは，モデルに一定以上の信頼性が備わっていることが重要になる。インスリン作用機構については生物学的知見が積み重ねられており，知見を利用して生化学反応に基づいた ODE モデルを構築することが可能である（**図 1.12**）。

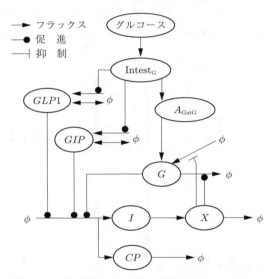

図 1.12　糖質摂取と血糖値，血中インスリン濃度の
　　　　　関係を記述するモデル

　図において，Intest_G は腸内のグルコース量であり，A_{GutG} は，摂取されたグルコースの腸からの吸収量である。G, I, CP はそれぞれ血中グルコース，インスリン，C ペプチドであり，X は標的臓器におけるインスリンの実効濃度と解釈できる。GIP および $GLP1$ はインクレチンと呼ばれるホルモンの一種であり，栄養素の摂取により分泌されてインスリン分泌を促進する。ϕ はなにもないことを表しており，例えば，「$\phi \to$」はなにもないところからの無制限の湧出しであり，「$\to \phi$」は分解されて無制限に消失していくことを表している。実際

には無制限ということはあり得ないので，考えているモデル外からの流入，またはモデル外への流出と解釈すればよい。

ODE モデルには未知パラメータが含まれるので，被験者に何通りかの摂取パターンで糖質を摂取してもらい，血糖値や末梢の血中インスリン濃度などのいくつかの分子種について時系列で測定を行っている。それら測定データをよく再現するように未知パラメータを推定することで，各被験者の血糖値とインスリンの動態をシミュレーションするためのモデルが得られる。これは，システムの構造の同定に該当する部分である。未知パラメータや摂取パターンの探

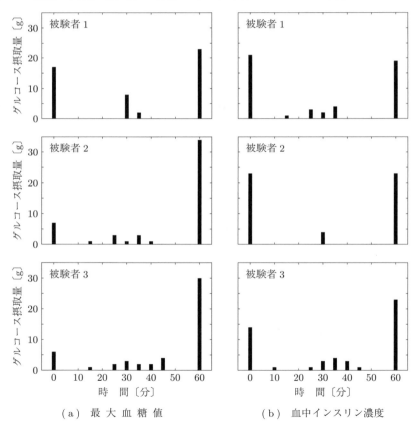

(a) 最 大 血 糖 値　　　　(b) 血中インスリン濃度

図 1.13 最大血糖値（左列）および血中インスリン濃度（右列）を最小にするような糖質の摂取パターン（文献 4) を改変)

索は膨大な解の候補となる空間を効率的に探索することが求められるが，**進化的プログラミング**（evolutionary programming；**EP**，5.2.2項参照）と呼ばれる確率的探索アルゴリズムを用いることで実現している。**図 1.13** は，シミュレーションを基に探索から得られた 3 名の被験者に対する最大血糖値および血中インスリン濃度を最小にする糖質の摂取パターンである。

このように所望の状態を実現するような入力を得るということは，システム

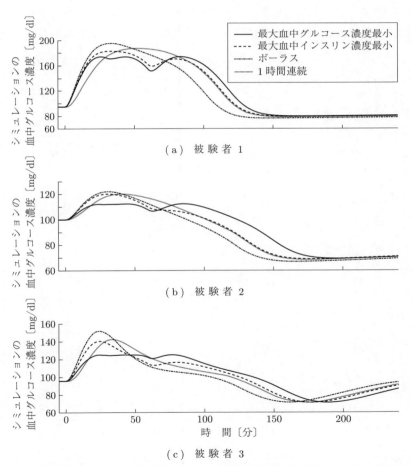

図 1.14　最大血糖値を最小にするような摂取パターンで糖質を摂取したときの血糖値のシミュレーション結果（文献 4) を改変）

の制御に該当する。被験者ごとに摂取パターンの違いはある程度あるものの，最後に摂取すべき糖質量の大半を摂取するという共通の傾向があることがわかる。これは，最初や途中の段階で摂取した糖質によって分泌されたインスリンの効果が効いているときに，まとめて糖質を摂取することで血糖やインスリン濃度を上昇させないようにする方針である，と解釈できる。得られた最大血糖値を最小にするような摂取パターンで実際に糖質の摂取を行い，短時間でまとめてグルコースを摂取するボーラスや1時間かけて持続的に摂取する方法に比べて，最大血糖値が抑えられていることが実験によって確認されており，一定

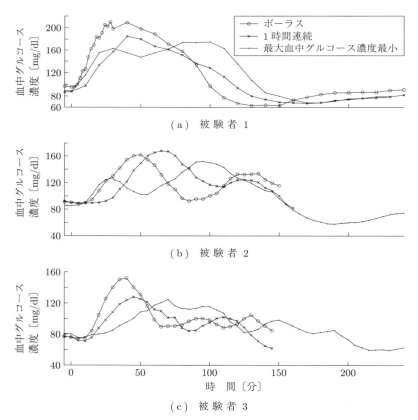

（a）被験者1

（b）被験者2

（c）被験者3

図 1.15 最大血糖値を最小にするような摂取パターンで糖質を摂取したときの血糖値の実験結果（文献 4) を改変)

程度の再現が得られていることがわかる（**図 1.14**，**図 1.15**）。このようなアプローチではモデルの信頼性が結論に特に大きく影響するため，実験による検証が重要になってくる。

1.3.3 出芽酵母の浸透圧ストレス応答

出芽酵母（budding yeast）は，高塩濃度などの浸透圧ストレス刺激を受けると，Sln1 などの浸透圧受容体が活性化される。Sln1 の活性化は，Ssk1，Ssk2 を介して，**Hog1**（high–osmolarity glycerol 1）をリン酸化によって活性化する。活性化された Hog1 は，細胞質から核内へ移行する。核内に移行した Hog1 は，転写を制御することにより Gpd1 などの発現を介して浸透圧物質であるグリセロールの合成を促進させ，細胞内の浸透圧を上昇させることにより細胞内外の浸透圧差を減らして脱水などのリスクに対処している（**図 1.16**）。Sln1 以

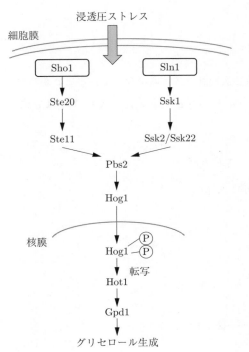

図 **1.16** Hog1 経路による
浸透圧調節機構

外にも Sho1 による浸透圧差の制御が知られているが，ここでは，Sln1 による制御のみを考えることにする。

細胞外部の浸透圧 P，細胞内部の浸透圧 x として，浸透圧差

$$z = P - x \tag{1.7}$$

とおくと，Hog1 の活性化 y の変化は，浸透圧差と脱リン酸化で決まるので

$$\frac{dy}{dt} = z - \gamma y \tag{1.8}$$

となる。細胞内浸透圧 x は，Hog1 の活性化によるグリセロール合成と細胞外の浸透圧物質の漏れによる流入によって決まるので

$$\frac{dx}{dt} = \alpha z + \beta y \tag{1.9}$$

となる[5]。式 (1.7), (1.8), (1.9) より，これは y と z の関係

$$\left.\begin{array}{l} \dfrac{dy}{dt} = z - \gamma y \\[2mm] \dfrac{dz}{dt} = u - \alpha z - \beta y \end{array}\right\} \tag{1.10}$$

と書き直せて，これは後述する 2 次遅れシステムになっていることがわかる（図 **1.17**，2.8.1 項参照）。ここで，$u = dP/dt$ とおいた。式 (1.10) は y について
さらに

$$\frac{d^2 y}{dt^2} + (\alpha + \gamma)\frac{dy}{dt} + (\alpha\gamma + \beta)y = u \tag{1.11}$$

と 2 階 ODE に書き直すことができる。

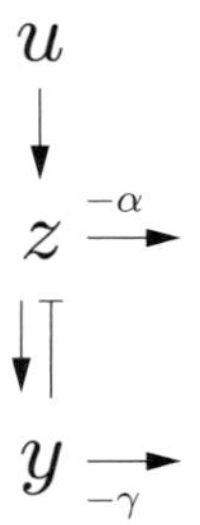

図 **1.17**　浸透圧ストレス
応答のモデル

式 (1.11) の形をした 2 階 ODE は実のところ，一見生化学反応とは無関係に思えるさまざまな現象において現れる。力学と電気回路の二つの例を挙げよう。ばね・マス・ダンパシステムは，**図 1.18** のような力学システムであり，ニュートンの運動方程式に従って

$$m\frac{d^2y}{dt^2} = -ky - d\frac{dy}{dt} + u \tag{1.12}$$

と定式化される。ここで，y は平衡位置からの距離，k はばね係数，u は力，d は減衰係数，m は質量である。当然，式 (1.12) は

$$\frac{d^2y}{dt^2} + \frac{d}{m}\frac{dy}{dt} + \frac{k}{m}y = \frac{u}{m} \tag{1.13}$$

と書き直すことができる。また，電気工学における基本的な回路の一つである直列 RLC 回路（**図 1.19**）は，電圧と電流の間に関係式

$$Ri + L\frac{di}{dt} + \frac{1}{C}\int dt\, i = V \tag{1.14}$$

が成り立つ。ここで，i は電流，V は電圧，R は抵抗，L はインダクタンス，C はキャパシタンスである。電荷 q と電流 i の間に成り立つ関係

$$i = \frac{dq}{dt}$$

を用いて，式 (1.14) を書き直せば，関係式

$$\frac{d^2q}{dt^2} + \frac{R}{L}\frac{di}{dt} + \frac{1}{LC}q = \frac{V}{L} \tag{1.15}$$

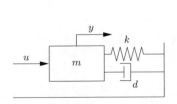

質量 m，ばね係数 k，減衰係数 d

図 1.18　ばね・マス・ダンパシステム

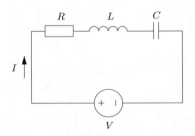

抵抗 R，インダクタンス L，キャパシタンス C

図 1.19　直列 RLC 回路

が成立する。

式 (1.11), (1.13), (1.15) を比べると，すべて

$$\frac{d^2y}{dt^2} + a\frac{dy}{dt} + by = x \tag{1.16}$$

の形をしていることがわかる。ここで，任意のパラメータを a, b として，システムへの入力および出力をそれぞれ x, y として解釈できる。実は，式 (1.16) のような形をしたシステムは，パラメータ a, b に依存して入力 x のある特定の周波数成分を特に大きく増幅する性質をもち得ることがわかっており（2.8.1 項，3.3 節参照），共振として知られる現象に当たる。例えば，力学システムでは，構造物が特定の周期で揺れやすいことに相当する。また，直列 RLC 回路では，特定の周波数成分の電気信号を増幅する原理は，アナログラジオの選局への応用として知られている。よって共振現象は，Hog1 の応答でも起こり得るはずであり，実際に特定の周波数成分に対するゲインが大きいことが実証されている（図 1.20）。

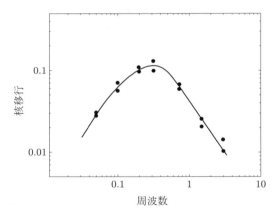

図 1.20　浸透圧ストレスに対する Hog1 核移行の
ゲイン線図（文献 5）を改変）

この例では，モデル化による定式化を通して，必ずしも生物システムだけによらないモデルの普遍的な性質が見出せたと考えられる。このようなシステムの普遍性を抽出することは，生物システムの設計原理を理解する上で重要であ

ろう。そのような観点からモデル化はシステムの設計へとつながっているが，生物システムの設計原理を見出すことは難しく，あまり理解が進んでいないのが現状である。他方，合成生物学の分野では，実験的アプローチから生物システムの人工的な作成や改変が試みられている。

2 常微分方程式（ODE） モデル

　分子の相互作用によって生じる生化学反応は，生命現象を理解する上での基本となる。生化学反応によって起きる状態の変化が，生命現象を駆動していると考えることができ，したがって細胞や生体内の分子種の時間変化（ダイナミクス）を生化学反応を基にしてモデル化することで，生命現象の理解につなげることができる。生化学反応を数理モデルとして記述する方法はいくつかあるが，ODE が基本的でかつ広く用いられているため，本章の前半では主に ODE によって生化学反応を記述する方法について述べる。

　本章の後半では，生命現象に特徴的な ODE モデルの要素について述べる。一般にシステムバイオロジーで用いられる ODE モデルは，基本的には生化学反応を念頭においてつくられることが多いものの，実は必ずしも実際の生化学反応と厳密に対応関係がつくことはむしろ少ない。細胞や生体内の環境は試験管内のような理想的な状況とは異なる上に，生化学反応は非常に複雑で反応の詳細がわかっていることは稀であり，実験方法によっては測定できる分子種数も限られている。そのため，実際の生化学反応に対応するようにモデル化を行うよりも，モデルの抽象化や簡単化を行ったほうが功を奏することがある。また，1.3.1 項で見た Ras モデルや Rap1 モデルのように，複雑なモデルよりも本質を捉えた抽象化されたモデルのほうが現象の理解が進むという側面もある。

2.1　生化学反応モデル

閉じた一定容積の系で，反応物 R が生成物 P に変化するような簡単な反応

$$R \longrightarrow P \tag{2.1}$$

を考えよう。反応物 R が生成物 P に変化する反応速度 ν は，反応物 R の濃度 $[R]$ に比例して

$$\nu = k[R]$$

と書けるとき，反応物 R の増加速度は ODE

$$-\frac{d[R]}{dt} = k[R] \tag{2.2}$$

によって記述される。定数 k は**反応速度定数**（reaction rate constant）と呼ばれ，反応式中の矢印の上側や下側に付けて，例えば反応式 (2.1) は

$$R \xrightarrow{\ k\ } P \tag{2.3}$$

などと表記されることが多い。

反応

$$A + B \xrightarrow{\ k\ } P \tag{2.4}$$

は，2 種類の反応物 A と B が 1 対 1 で反応し，生成物 P となる反応を表している。反応速度 $\nu = k[A][B]$ であれば，反応物 A の時間変化は ODE

$$-\frac{d[A]}{dt} = k[A][B] \tag{2.5}$$

と記述できる。可逆反応

$$A + B \underset{k_b}{\overset{k_f}{\rightleftharpoons}} AB$$

では，$A + B \to AB$ の反応速度を $\nu_f = k_f[A][B]$，$A + B \leftarrow AB$ の反応速度を $\nu_b = k_b[AB]$ とすると

$$\frac{d[AB]}{dt} = \nu_f - \nu_b = k_f[A][B] - k_b[AB]$$

となる。本書では，ν_f や ν_b を反応速度項と呼ぶことにする。

　一般の反応系において，反応物 X の挙動を記述する ODE は

$$\frac{dX}{dt} = 生成速度 - 消失速度 \tag{2.6}$$

の形で書くことができるので，ν_i を分子種 i が X に変わる（流入する）反応速度として，μ_j を X が分子種 j に変わる（流出する）反応速度とすると

$$\frac{dX}{dt} = \sum_i \nu_i - \sum_j \mu_j \tag{2.7}$$

のように反応速度項の和と差の形で一般に書くことができる。

　より一般的な例として，反応物 $R_i\,(i = 1, \ldots, m)$ から生成物 $P_j\,(j = 1, \ldots, h)$ が生じる生化学反応

$$r_1 R_1 + \cdots + r_m R_m \rightleftharpoons p_1 P_1 + \cdots + p_h P_h$$

において，反応開始から十分に時間が経った定常状態では，順方向と逆方向の反応速度が等しくなり

$$\nu = -\frac{1}{r_1}\frac{d[R_1]}{dt} = \cdots = -\frac{1}{r_m}\frac{d[R_m]}{dt} = \frac{1}{p_1}\frac{d[P_1]}{dt} = \cdots = \frac{1}{p_h}\frac{d[P_h]}{dt} \tag{2.8}$$

となる。r_i, p_j は，反応により消費される反応物および生じる生成物の物質量の比を表し**化学量論係数**（stoichiometric coefficient）と呼ばれる。式 (2.8) は，各化学種の濃度変化の速度を各化学量論係数で割って正規化したものが等しく，ν が反応に要する物質量の違いによらないことがわかる。

　順方向の反応速度 ν_f は一般に，反応物濃度 $[R_1], \ldots, [R_m]$ の関数として

$$\nu_f = f([R_1], \ldots, [R_m])$$

と表すことができる。関数 f がとる関数形は化学反応によって異なり簡単にはわからないことが多いが，**質量作用の法則**（law of mass action）†を仮定して，反応物濃度のべき乗の積によって近似的に

---

†　化学平衡の法則ともいう。

$$\nu_f = f\left([R_1], \ldots, [R_m]\right) \approx k_f \prod_{i=1}^{m} [R_i]^{\alpha_i} \tag{2.9}$$

と表すモデリングがよく行われる。同様に，逆方向の反応速度

$$\nu_b = g\left([P_1], \ldots, [P_h]\right) \approx k_b \prod_{i=1}^{h} [P_i]^{\beta_i}$$

とモデリングできる。定常状態で $\nu = \nu_f = \nu_b$ より

$$K \equiv \frac{k_f}{k_b} = \frac{\prod_{i=1}^{h} [P_i]^{\beta_i}}{\prod_{i=1}^{m} [R_i]^{\alpha_i}}$$

は一定となって，K は**平衡定数**（equilibrium constant）と呼ばれる。ここで，$a \equiv b$ は，b を a とおく，または a を b とおくことを表す[†1]。

各反応物濃度の次数 α_i の総和

$$n = \sum_{i=1}^{m} \alpha_i$$

は**反応次数**（order of reaction）と呼ばれ，反応次数が n である化学反応を n 次反応という。例えば，反応式 (2.3), (2.4) は，それぞれ 1 次反応，2 次反応である。

2.2 時 定 数

I の強度に応じて X が生成され[†2]，X に分解がある反応システム

$$I \longrightarrow X \xrightarrow{k} \phi \tag{2.10}$$

を考えよう。I はホルモンなどによって生じる刺激と解釈されることもある。ま

[†1] 文中の式で明示的におくことが示されている場合には，= を用いることにする。

[†2] X の生成に I の消費が伴うわけではないことに注意されたい。感覚的には

$$\phi \xrightarrow{I} X \xrightarrow{k} \phi$$

としたほうが理解しやすい読者もいるかもしれない。

た，入力を I，出力を X とした入出力システムとも見なせ，図 **2.1** のようにグラフ的に表現されることもある。1.3.2 項でも述べたが ϕ はなにもないことを表していて，この場合は X が分解されて消えていく，あるいはいま考えている系とは無関係なところに移動するなどと解釈できる。この 1 次反応システムは ODE で

$$\frac{d[X]}{dt} = I - k[X]$$

と書ける。両辺を k で割って $k^{-1} = \tau$ とおく。I のスケールを変換して[†1]，I/k を改めて I と書くと

$$\tau\frac{d[X]}{dt} = I - [X] \tag{2.11}$$

が得られ，制御工学における **1 次遅れシステム**（first order lag system）と形式的に一致する。

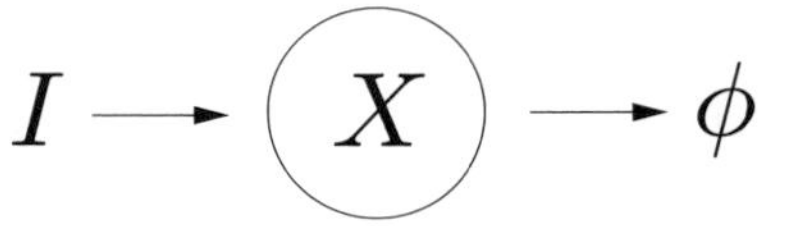

$$I \longrightarrow \left(X \right) \longrightarrow \phi$$

図 **2.1**　1 次反応システム

I が定数で初期条件 $X(0) = 0$ [†2]としよう。実験との対応では式 (2.11) の ODE は，$t < 0$ で $X(t) = 0$ である系に，$t = 0$ で強度 I の入力が入ったときの出力 X の振舞いを記述している，と解釈することができる。解析解（付録 A.1）は

$$X(t) = I\left(1 - \exp\left[-\frac{t}{\tau}\right]\right) \tag{2.12}$$

であり，挙動は図 **2.2** のようになる。$t = 0$ で一定強度の入力を受けて X は単調に増加し，十分に時間が経過すると X は上界 I にほぼ等しくなる。$t = \tau$

[†1]　I の単位を $1/k$ 倍したもので置き換えたと思えばよい。

[†2]　厳密に表記すれば $[X](0)$ と書くべきだが，括弧の多用による煩雑さを避けて，濃度を指していることが自明な場合は簡単に $X(0)$ と書くことにする。

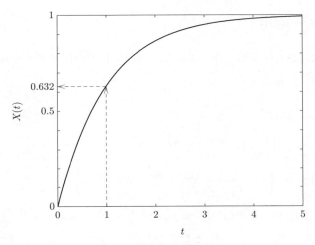

図 **2.2** 1 次反応システムの応答（$I = 1,\ \tau = 1$）

で X は上界 I の $1 - e^{-1} \approx 0.632$ 倍になるが，この時間 $\tau^{\dagger}$ は**時定数**（time constant）と呼ばれており，出力 X が入力 I に追随する速さの指標になる。τ が k の逆数であることを思い出せば，X の分解速度が速いほど X が入力 I に速く追随できることがわかる。

2.3 逐次反応と定常状態近似

ある生成物がさらに別の反応を起こして別の生成物へと変わるカスケード状に起こる反応を**逐次反応**といい，1 次反応をつなげた簡単な逐次反応の例

$$S \xrightarrow{k_1} A \xrightarrow{k_2} P \tag{2.13}$$

を考える。この逐次反応の挙動は，ODE

$$\frac{d[S]}{dt} = -k_1[S] \tag{2.14}$$

$$\frac{d[A]}{dt} = k_1[S] - k_2[A] \tag{2.15}$$

---

† 1/2 倍で定義されることもある。

$$\frac{d[P]}{dt} = k_2[A] \tag{2.16}$$

によって記述され，初期条件 $S(t=0) = S_0$, $A(t=0) = P(t=0) = 0$ のとき，解析解（付録 A.1）

$$S(t) = S_0 e^{-k_1 t} \tag{2.17}$$

$$A(t) = \frac{k_1 S_0}{k_2 - k_1}\left(e^{-k_1 t} - e^{-k_2 t}\right) \tag{2.18}$$

$$P(t) = S_0\left\{1 + \frac{1}{k_2 - k_1}\left(k_1 e^{-k_2 t} - k_2 e^{-k_1 t}\right)\right\} \tag{2.19}$$

を得る。生成物 P の挙動は，$k_1 \gg k_2$ のとき $P(t) \approx S_0(1 - e^{-k_2 t})$，$k_1 \ll k_2$ のとき $P(t) \approx S_0(1 - e^{-k_1 t})$ となることから，遅い反応に支配されることがわかる。一般に，逐次反応は一連の反応の中で最も遅い反応に支配される。そのため，最も遅い反応は**律速段階**（rate determining step）と呼ばれることがある。

$k_2 \gg k_1$ のとき

$$A(t) \approx \frac{k_1}{k_2} S_0 e^{-k_1 t} \tag{2.20}$$

である。一方，このとき，第 2 段階の反応 $A \to P$ は第 1 段階の反応 $S \to A$ に比べて非常に速やかに起こるため，中間物 A の見かけの濃度変化は 0 に近いと考えられる。したがって

$$\frac{dA}{dt} = 0 \iff [A] = \frac{k_1}{k_2}[S]$$

に S の解析解 (2.17) を代入すると，式 (2.20) と同じ結果が得られる。このように中間物の定常状態を仮定し，$d[A]/dt = 0$ から得られる代数方程式を利用して ODE の近似解を得る方法は**定常状態近似**（steady–state approximation）と呼ばれ，厳密解を得るのが難しいような ODE システムに対して近似解を得うるという点で利点がある。一般に生化学反応モデルの ODE が式 (2.6) の形に書けることを思い出すと，ここでの定常状態は，反応物 X の生成速度と消失

速度が釣り合っていることを指し，定常状態近似は生成速度の時間スケールに比べて消失速度の時間スケールが十分に短い場合に適用可能となる。

2.4　酵　素　反　応

　酵素反応は触媒反応の一種であり，酵素によって反応速度は増加する。通常では，酵素自身は反応によって消費されることはない。生化学反応においては，酵素は主にタンパク質であることが多いが，RNA が酵素の役割を担うこともある。基質を S，酵素を E，酵素–基質複合体を ES，生成物を P として，酵素反応

$$E + S \xrightleftharpoons[k_2]{k_1} ES \xrightarrow{k_3} E + P \tag{2.21}$$

は，連立 ODE

$$\frac{d[S]}{dt} = k_2[ES] - k_1[E][S] \tag{2.22}$$

$$\frac{d[E]}{dt} = (k_2 + k_3)[ES] - k_1[E][S] \tag{2.23}$$

$$\frac{d[ES]}{dt} = k_1[E][S] - (k_2 + k_3)[ES] \tag{2.24}$$

$$\frac{d[P]}{dt} = k_3[ES] \tag{2.25}$$

で表される。

　総和保存 $E_0 = [E] + [ES]$ と式 (2.24) への定常状態近似の適用

$$\frac{d[ES]}{dt} = 0 \iff k_1[E][S] - (k_2 + k_3)[ES] = 0$$

により，酵素–基質複合体 ES の濃度は

$$[ES] = \frac{E_0[S]}{\dfrac{k_2 + k_3}{k_1} + [S]} \tag{2.26}$$

と表される。式 (2.25) より，生成物 P の生成速度 v は

$$v = \frac{d[P]}{dt} = \frac{k_3 E_0 [S]}{\dfrac{k_2 + k_3}{k_1} + [S]} \tag{2.27}$$

となる。すると，生成物 P の生成初速度 v_0 は

$$K_m = \frac{k_2 + k_3}{k_1}$$

$$V_{\max} = k_3 E_0$$

とおいて，基質の初濃度を $[S(t = 0)] = S_0$ とすると

$$v_0 = \frac{V_{\max} S_0}{K_m + S_0} \tag{2.28}$$

となる。式 (2.28) をミカエリス・メンテンの式（Michaelis–Menten equation），K_m をミカエリス定数（Michaelis constant）と呼ぶ。初速度 v_0 は $K_m \ll S_0$ で S_0 の増加とともに $V_{\max}$ に漸近し，最大値は $V_{\max}$ であり，$S_0 = K_m$ で $v_0 = V_{\max}/2$ となる。

　n 個の基質が酵素に結合し，酵素–基質複合体 ES^n から n 個の生成物 P がつくられる反応

$$E + nS \underset{k_2}{\overset{k_1}{\rightleftarrows}} ES^n \xrightarrow{k_3} E + nP$$

では，同様にして

$$v_0 = \frac{V_{\max} S_0^n}{K_m + S_0^n} \tag{2.29}$$

となり，形式的に **Hill の式**（Hill equation）

$$y = \frac{V_{\max} x^n}{K + x^n} \tag{2.30}$$

と一致する。Hill の式は，x と y の経験的な関係を表し，一般的な反応曲線や飽和曲線の（近似的な）記述に用いられる。n は **Hill 係数**（Hill coefficient）と呼ばれ，n が大きくなるほど曲線はスイッチ的に振る舞い（**図 2.3**），$n > 1$ で協同性の反応と見なされる。また，定数 K は，見かけの解離定数として解釈される。

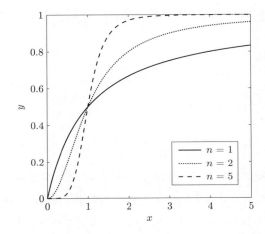

図 **2.3**　Hill の式（$V_{\max} = 1$, $K = 1$）

式 (2.9) のように質量作用（mass action）型の反応速度項のモデリングが行われる一方で，式 (2.28) およびその拡張と見なせる式 (2.30) の関数形を用いた反応速度項のモデリングもよく行われる。

2.5　過 感 応 性

工学分野の信号処理では，連続値をとるアナログ信号を離散的なデジタル信号に変換することで，雑音に対する耐性を向上させるなどの利点を得ている。生命現象においても，連続的な分子濃度の入力に対してスイッチ的に応答する分子濃度の機構が，同様に役立てられていると考えられている。

2.5.1　n 次 応 答

n 個の分子 X と 1 個の分子 Y が反応して Z となる反応

$$nX + Y \underset{k_b}{\overset{k_f}{\rightleftharpoons}} Z \tag{2.31}$$

は，ODE

$$\frac{d[Z]}{dt} = k_f [X]^n [Y] - k_b [Z] \tag{2.32}$$

によって記述される。濃度の総和が一定として総和保存 $[Y] + [Z] = 1$ が成り立つとすると，式 (2.32) は

$$\frac{d[Z]}{dt} = k_f [X]^n (1 - [Z]) - k_b [Z]$$

となる。定常状態 $d[Z]/dt = 0$ では，$K = k_b/k_f$ とおいて

$$[Z] = \frac{[X]^n}{K + [X]^n} \tag{2.33}$$

と表され，Hill の式と同じ関数形となり，n が大きいほど X と Z の関係はスイッチ的となる。このように X のある値を境に Z がスイッチ的に急激に変化して応答することを**過感応性**（ultra sensitivity）という。ヘモグロビンが肺で酸素を受け取って体の末端まで運ぶ仕組みでは，協調的なスイッチ応答が利用されている。

2.5.2 0 次 過 感 応 性

酵素反応 (2.21) で生じた生成物 P が異なる酵素反応によって基質 S に戻るような反応

$$E + S \xrightleftharpoons[k_2]{k_1} ES \xrightarrow{k_3} E + P,$$
$$\tilde{E} + P \xrightleftharpoons[\tilde{k}_2]{\tilde{k}_1} \tilde{E}P \xrightarrow{\tilde{k}_3} \tilde{E} + S \tag{2.34}$$

を考え，総量を一定として $[S] + [P] = 1$ とし，初期条件 $E(t = 0) = E_0$，$\tilde{E}(t = 0) = \tilde{E}_0$ とする。$[P]$ のとる定常状態が $E_0, \tilde{E}_0$ の変化に対してどのように振る舞うか考えよう。反応 (2.34) は，可逆反応

$$S \rightleftharpoons P$$

と見なせるから

$$\frac{d[P]}{dt} = v_f - v_b, \qquad \frac{d[S]}{dt} = v_b - v_f$$

と表せて，式 (2.28) を用いて

$$v_f = \frac{V[S]}{K + [S]}, \qquad K \equiv \frac{k_2 + k_3}{k_1}, \qquad V \equiv k_3 E_0$$

$$v_b = \frac{\tilde{V}[P]}{\tilde{K} + [P]}, \qquad \tilde{K} \equiv \frac{\tilde{k}_2 + \tilde{k}_3}{\tilde{k}_1}, \qquad \tilde{V} \equiv \tilde{k}_3 E_0$$

である。

$t \to \infty$ の定常状態において

$$\frac{d[P]}{dt} = v_f - v_b = 0$$

が成り立ち，$[P] = 1 - [S]$ より

$$\frac{V[S]}{K + [S]} = \frac{\tilde{V}(1 - [S])}{\tilde{K} + (1 - [S])}$$

から 2 次方程式

$$(V - \tilde{V})[S]^2 - (\tilde{K}V + K\tilde{V} + V - \tilde{V})[S] + K\tilde{V} = 0 \qquad (2.35)$$

を解いて，$V = \tilde{V}$ のとき

$$[S] = \frac{K}{K + \tilde{K}}$$

$V \neq \tilde{V}$ のとき

$$[S] = \frac{(\tilde{K}V + K\tilde{V} + V - \tilde{V}) \pm \sqrt{(\tilde{K}V + K\tilde{V} + V - \tilde{V})^2 - 4(V - \tilde{V})\tilde{V}K}}{2(V - \tilde{V})}$$

$$(2.36)$$

を得る。

　いま，$[S] \in [0,1]$ となる必要がある。式 (2.35) の左辺を関数 $y(S)$ とおくと，$y(0) = K\tilde{V} > 0$，$y(1) = -\tilde{K}V < 0$ であるから $y(0)y(1) < 0$ より，2 次方程式 (2.35) は $0 < [S] < 1$ に解を一つもつことがわかる。$V - \tilde{V} > 0$ のとき，概形から $y(S)$ は二つの正の解をもつので，小さいほうの解が $0 < [S] < 1$ を満た

すとわかる。$V - \tilde{V} < 0$ のとき，概形から $y(S)$ は正と負の解をもつので，正となる大きいほうの解が $0 < [S] < 1$ を満たすとわかる。どちらの場合も解は

$$[S] = \frac{(\tilde{K}V + K\tilde{V} + V - \tilde{V}) - \sqrt{(\tilde{K}V + K\tilde{V} + V - \tilde{V})^2 - 4(V - \tilde{V})\tilde{V}K}}{2(V - \tilde{V})}$$

と書ける。簡単のために $K = \tilde{K}$ として整理すると

$$[S] = \frac{\{X - 1 + K(X + 1)\} - \sqrt{\{X - 1 + K(X + 1)\}^2 - 4K(X - 1)}}{2(X - 1)}$$

$$= \frac{1}{2}\left\{\left(1 + K\frac{X + 1}{X - 1}\right) - \mathrm{sign}(X - 1)\sqrt{\left(1 + K\frac{X + 1}{X - 1}\right)^2 - \frac{4K}{X - 1}}\right\}$$

となる。ただし

$$\mathrm{sign}(x) = \begin{cases} 1 & (x > 0) \\ 0 & (x = 0) \\ -1 & (x < 0) \end{cases}$$

であり，$X = V/\tilde{V}$ とおいた。これより，$[P] = 1 - [S]$ の定常状態は，V と $\tilde{V}$ の比，および K で決まることがわかる。

図 **2.4** から，$[P]$ の応答は $K \gg 1$ では連続的に振る舞うのに対して，$K \ll 1$

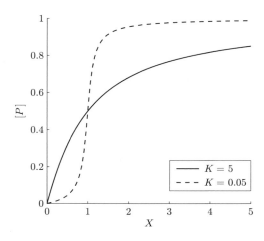

図 **2.4**　0 次過感応性

ではスイッチ的に振る舞うことがわかる。この応答の違いは，$K \gg 1$ のとき

$$v_f = \frac{V[S]}{K + [S]} \approx \frac{V[S]}{K} \propto [S]$$

であるのに対して，$K \ll 1$ のとき

$$v_f = \frac{V[S]}{K + [S]} \approx V$$

となって $[S]$ にあまり依存しないことにある。$[S]$ のオーダーとしては定数の 0 次と見なせることに起因していることから，このような仕組みによって生じるスイッチ的振舞いを，**0 次過感応性**（zero order ultra sensitivity）[6]）と呼んでいる。

2.6 アダプテーション

生命システムは，内部状態や環境の変化に適応して，生命を維持する仕組みが備わっている。例えば，摂食や気温の変化に伴って血糖値や体温は影響を受けるにもかかわらず，生命維持のためには一定の範囲に収まるように制御される必要がある。

2.6.1 フィードフォワードループ制御

図 **2.5** で表されるような前向きのループで構成される ODE システム

$$\left.\begin{array}{l} \tau\dfrac{dX}{dt} = S(1 - X) - XY \\[2mm] \dfrac{dY}{dt} = S\dfrac{1 - Y}{K + 1 - Y} - Y \end{array}\right\} \tag{2.37}$$

は，入力である刺激 S によってそれぞれ X と Y が活性化し，活性化した Y が X を抑制する形になっている。入力側を上流と見て，上流から出力となる下流側に前向きに反応が伝わっていくこのようなループは，フィードフォワードループ（feed forward loop；**FFL**）と呼ばれる。活性化と不活性の総量をそれぞれ 1 として正規化していて，X, Y が活性化状態の量，$1 - X, 1 - Y$ が不活

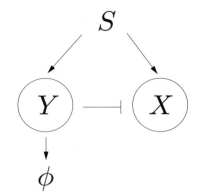

図 2.5 インコヒーレント
FFL システム

性化状態の量をそれぞれ表しており，τ は，Y の時定数を 1 にスケールしたときの X の Y に対する相対的な時定数と解釈することができる。

$K \ll 1$ のときの ODE システム (2.37) の定常状態を調べると

$$\frac{dY}{dt} = 0 \iff Y \approx S$$

なので

$$\frac{dX}{dt} = 0 \iff X = \frac{S}{S + Y}$$

に代入すると，分母と分子で S を打ち消して $X \approx 1/2$ を得る。これは，入力 S によらず，定常状態ではほぼ $X = 1/2$ に収束することを示している。**図 2.6** より，階段状の入力刺激 S の変化（**図 2.7**）に対して，十分に時間が経った後におおよそ $X = 1/2$ に収束しているのがわかる。このように，入力の変化にもかかわらず出力がある時間を経過して元の状態に戻る仕組みを**アダプテーション**（adaptation）[7] という。このような FFL による制御は，刺激によって活性化された X が遅れを伴ってやって来る Y の活性化によって抑制されていることから，**インコヒーレント FFL 制御**と呼ばれることがあり，シグナル伝達系のリン酸化のカスケード経路などに見ることができる[3]。

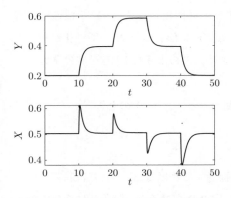

図 2.6 インコヒーレント FFL システム
の応答（$\tau = 0.1$, $K = 0.01$）

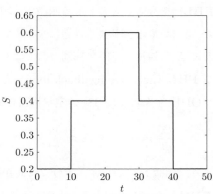

図 2.7 階段状に変化する入力刺激 S

2.6.2 フィードバックループ制御

図 **2.8** で表される ODE システム

$$\left.\begin{aligned}
\tau\frac{dX}{dt} &= S(1-X) - XY \\
\frac{dY}{dt} &= kX\frac{1-Y}{K+1-Y} - \frac{Y}{K+Y}
\end{aligned}\right\} \tag{2.38}$$

は，下流から上流へ反応が伝達する**フィードバックループ**（feedback loop；

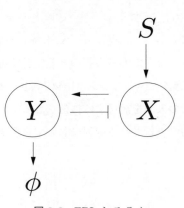

図 **2.8** FBL システム

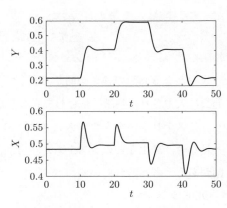

図 **2.9** FBL システムの応答（$\tau = 0.5$,
$k = 2$, $K = 0.01$）

FBL）をもち，入力となる刺激 S によって活性化した X が Y を活性化するが，Y は X を抑制する構造になっている。Y に伝わった X の活性化がループして X に還流する際に抑制として働くため，このような FBL を特に**ネガティブ FBL**（negative feedback loop）という。

ODE システム (2.38) の定常状態を調べると，$K \ll 1$ のとき

$$\frac{dY}{dt} = 0 \iff X \approx \frac{1}{k}$$

より，刺激 S によらず，十分な時間が経過するとほぼ $X = 1/k$ に収束し，アダプテーションが起きることがわかる。**図 2.9** を見ると，階段状に変化する入力刺激 S（図 2.7）に対して，$X \approx 1/2$ に収束している。FFL 制御およびネガティブ FBL 制御ともにアダプテーションの仕組みとなり得る。しかし，図 2.6 と図 2.9 を見比べてもわかるが，FFL 制御では X の単調な増加もしくは減少によって元の状態に復帰しているのに対して，ネガティブ FBL 制御では振動を伴って元の状態に復帰することがあり，復帰のダイナミクスに仕組みの違いが反映されている。

これらのアダプテーションの仕組みは，生命のシステムを**堅牢**（robust）[†]にすることに役立っていると考えられている。

2.7 ヒ ス テ リ シ ス

入力となる刺激の強さが同じであっても，出力である応答のとる定常状態が過去に入力された刺激に依存して異なる現象を**ヒステリシス**（hysteresis）という。ヒステリシスをもつシステムは，過去の入力を記憶する機能をもっていると見なせ，発生などのシステムが一方向的に更新される過程において重要な役割があると考えられている。

ODE システム

[†] 頑健ともいう。

$$\left.\begin{array}{l} \dfrac{dX}{dt} = kY - X + S \\[2mm] \dfrac{dY}{dt} = \dfrac{X^n}{K + X^n} - Y \end{array}\right\} \tag{2.39}$$

は，X と Y がたがいに活性化，もしくは生成を促進し合うループ構造となっている。このようなループ構造は，**ポジティブ FBL**（positive feedback loop）と呼ばれる。ODE システム (2.39) のダイナミクスは，X–Y 平面上を動く点として捉えることができ，そのような X–Y 平面を**相平面**という。相平面の一点は，システムの一状態に対応する。この ODE システムがもつ定常状態は，連

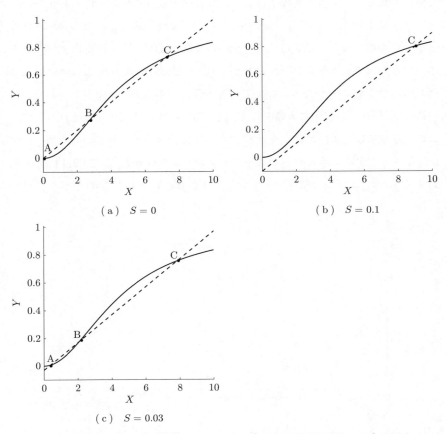

(a) $S = 0$ (b) $S = 0.1$ (c) $S = 0.03$

図 **2.10** X–Y 相平面とヌルクライン（$K = 20$, $k = 0.1$, $n = 2$）

立方程式

$$kY - X + S = 0 \tag{2.40a}$$
$$\frac{X^n}{K + X^n} - Y = 0 \tag{2.40b}$$

であるので，相平面上の二つの曲線 (2.40a) と (2.40b)†の交点となる。このように連立 ODE

$$\frac{dx_i}{dt} = f_i(x_1, \ldots, x_n) \qquad (i = 1, \ldots, n)$$

で定義されるシステムの曲線 $f_i(x_1, \ldots, x_n) = 0$ を，**ヌルクライン**（nullcline）という。ヌルクラインを境に，dx_i/dt の符号は変化することになる。$S = 0$ のとき，二つのヌルクラインは三点で交わる（**図 2.10**(a)）。初期状態が交点 A の近傍からスタートすると，S が 0 から 0.1 に連続的に変化するに伴い交点は連続的に動く C の一つのみとなり，定常状態は C の近傍にトラップされる（図 (b)）。S が 0.1 から 0 に連続的に変化して戻っていっても（図 (c)），システムの定常状態は連続的に動く交点 C にそのまま引き寄せられているため，S が 0 になっても定常状態は C 近傍になりヒステリシスが現れる。**図 2.11** は S に対する Y の定常状態の値を示しており，S を 0 から 0.1 まで 0.01 刻みで増加

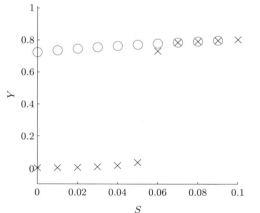

図 2.11 S に対する Y の各定常状態での応答

---

† 直線は，曲線の一つと見なせる。

させたときの Y の各定常状態の値は×印のように推移していくが，その後，S
を 0.1 から 0 まで 0.01 刻みで減少させたときの Y の各定常状態の値は〇印の
ように推移していく。このように同じ $S = 0$ に対する Y の応答であっても，S
が変化した履歴によって Y の定常状態での応答は異なる値をとる。また，交点
B は $dX/dt = dY/dt = 0$ を満たすが鞍点になっていて不安定であり，交点 A
と C が安定である。ヒステリシスが現れるには少なくとも二つ以上の安定点が
必要になることから，そのために $n > 1$ 以上の協調的な効果が必要となること
がわかる。

　大腸菌の糖に対する応答において，このようなヒステリシスを示すことが知
られている[8]。

2.8　振　　　　　動

　生命には，日や月などの単位で周期的に振る舞う生理現象が見られる。それ
らの制御には，周期的に**振動**（oscillation）する分子濃度が関わっていると考
えられている。

2.8.1　2 次遅れシステム

2 次遅れシステム（second order lag system）となる FBL をもつ簡単な ODE
システム[†]（**図 2.12**）

$$\left.\begin{aligned}
\frac{dX}{dt} &= -aX + bY + S \\
\frac{dY}{dt} &= cX - dY
\end{aligned}\right\} \tag{2.41a,b}$$

に，$t = 0$ で階段状の入力刺激 S を与えて振動する条件を調べよう。式 (2.41b)
を t で微分して，式 (2.41a) より dX/dt，式 (2.41b) より X を消去すると

[†]　このような入出力システムは主に制御工学の分野で 2 次遅れシステムと呼ばれている。
　　1.3.3 項で述べたように，力学および電気回路でいうところのばね・マス・ダンパシス
　　テム，直列 RLC 回路システムと数学的に等価である。

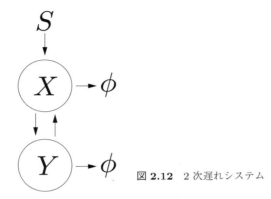

図 **2.12** 2次遅れシステム

$$\frac{d^2Y}{dt^2} + (a+d)\frac{dY}{dt} + (ad-bc)Y = cS \tag{2.42}$$

が得られる。$t = T_r\tilde{t}$, $Y = Y_r\tilde{y}$ とおいて，ODE (2.42) に代入して整理すると

$$\frac{d^2\tilde{y}}{d\tilde{t}^2} + (a+d)T_r\frac{d\tilde{y}}{d\tilde{t}} + (ad-bc)T_r^2\tilde{y} = \frac{T_r^2}{Y_r}cS \tag{2.43}$$

となる。$T_r = (ad-bc)^{-1/2}$, $Y_r = c/(ad-bc)$ とすると無次元化された ODE

$$\frac{d^2\tilde{y}}{d\tilde{t}^2} + 2\zeta\frac{d\tilde{y}}{d\tilde{t}} + \tilde{y} = S \tag{2.44}$$

を得る。ただし

$$\zeta = \frac{a+d}{2\sqrt{ad-bc}}$$

とおいた。

ODE (2.44) の特性方程式

$$\phi(\lambda) = \lambda^2 + 2\zeta\lambda + 1 = 0$$

の解を α, β とおく。初期条件

$$X(0) = Y(0) = 0 \iff \tilde{y} = \frac{d\tilde{y}}{d\tilde{t}} = 0$$

を与えると，$\alpha \neq \beta$ のとき

$$\tilde{y}(t) = S \left\{ 1 + \frac{1}{\alpha - \beta} \left(\beta e^{\alpha t} - \alpha e^{\beta t} \right) \right\} \tag{2.45}$$

となり，$\alpha = \beta$ のとき $\zeta = 1$ となって

$$\tilde{y}(t) = S \left\{ 1 - (t + 1) e^{-t} \right\} \tag{2.46}$$

である（付録 A.1）。

$0 < \zeta < 1$ のとき，解 α, β は実部が負の複素解となり，$\tilde{y}$ は減衰振動（図 **2.13**）となる。$\zeta = 0$ のときは

$$\tilde{y}(t) = S \left(1 - \cos t \right) \tag{2.47}$$

となり，持続的に振動する（図 2.13）。以上から振動するためには

$$0 \leqq \zeta < 1 \iff 0 < \frac{a + d}{2} < \sqrt{ad - bc} \tag{2.48}$$

となる必要があるが，相乗平均 ≦ 相加平均より，式 (2.48) が成り立つためには $bc < 0$ となって b, c が異符号となる必要があることがわかる。このことは，2 次遅れシステムにおいて振動が起きるためにはネガティブ FBL が必要であることを示している。

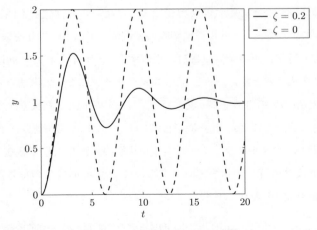

図 **2.13** 2 次遅れシステムの応答

2 次遅れシステムの振動では，入力刺激 S の特定の周波数成分の振幅が，他の周波数成分よりも大きくなって出力され得る性質があることがわかっている（3.3 節参照）。これは共振現象の一種であると見なせ，1.3.3 項で述べたように出芽酵母の Hog1 経路による浸透圧調節機構にはネガティブ FBL が用いられていると考えられており，外部浸透圧変化の周期に依存して浸透圧調節に関連する分子の活性が共振することが，実験と数理モデルの両面から確かめられている[5]。

2.8.2　FitzHugh–Nagumo モデル

2 次遅れシステムでは解析解が得られたため，比較的容易に振動する条件がわかった。しかし，一般には解析解を得るのが困難な場合が多い。そのような場合には相平面上のヌルクラインを考えることで，振動が生じる定性的な仕組みを調べられる。

FitzHugh–Nagumo モデル[9),10)]

$$\left.\begin{array}{l} \dfrac{dv}{dt} = v - \dfrac{v^3}{3} - w + S \\[2mm] \tau\dfrac{dw}{dt} = v - a - bw \end{array}\right\} \tag{2.49}$$

は，主に神経細胞などの電気的な興奮によって生じる活性化と不活性化を記述した ODE モデルであり，v は神経細胞の膜電位，w は不活性化を表す変数，S は外部からの電気的刺激強度（電流）を表す[†]。$\tau \gg 1$ として，w は v に比べてゆっくり変化するとする。v と w のヌルクラインによって区切られる領域ごとに $dv/dt, dw/dt$ の符号を調べることで，v–w 相平面上で状態が変化する方向を定性的に調べることができる（**図 2.14**）。図では，黒実線が v のヌルクライン，破線が w のヌルクライン，灰実線が状態の軌跡を表しており，破線の矢印が各 v, w 成分の符号が示す方向，実線の矢印が v, w 成分の符号から判定した状態が動く方向を表している。

[†]　これは正確には生化学反応に基づく ODE モデルではないが，数理的構造が同じであれば，生化学反応モデルにおいても同様に成り立つ。

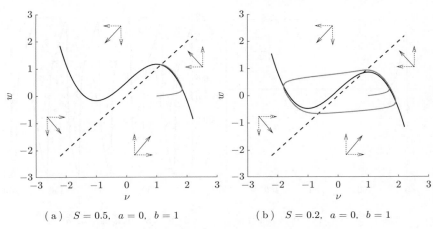

（a）$S = 0.5$, $a = 0$, $b = 1$　　　　　（b）$S = 0.2$, $a = 0$, $b = 1$

図 2.14　FitzHugh–Nagumo モデルの v–w 相平面

　図 2.14（a）のように，v のヌルクラインの二つの極値よりも w のヌルクラインが右側にある場合

$$\frac{dv}{dt} > 0, \qquad \frac{dw}{dt} > 0$$

で状態は右上方向に変化するが，$\tau \gg 1$ なので $+w$ 方向への変化はゆっくりで相対的に $+v$ 方向に早く動く。v のヌルクライン近傍に近づくと $dv/dt \approx 0$ なので，v のヌルクライン近傍に沿って $+w$ 方向に動いて不動点

$$\frac{dv}{dt} = 0, \qquad \frac{dw}{dt} = 0$$

に留まることになる。その結果，振動は起きない（**図 2.15**（a））。

　一方，w のヌルクラインが v のヌルクラインの二つの極値の間にある図 2.14（b）の場合では，前述と同様の動きをした後に，v のヌルクラインの極値付近で v のヌルクラインを横切って

$$\frac{dv}{dt} < 0, \qquad \frac{dw}{dt} > 0$$

となる領域に入ると $-v$ 方向に進み，w のヌルクラインを横切って

$$\frac{dv}{dt} < 0, \qquad \frac{dw}{dt} < 0$$

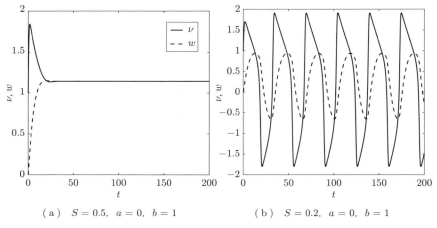

（a） $S = 0.5$, $a = 0$, $b = 1$ （b） $S = 0.2$, $a = 0$, $b = 1$

図 **2.15** FitzHugh–Nagumo モデルの応答

の領域に入って v のヌルクライン近傍まで進むことになる。v のヌルクライン近傍まで進んだ後は，同様に v のヌルクラインに沿って進んで，不動点

$$\frac{dv}{dt} = 0, \qquad \frac{dw}{dt} = 0$$

の周囲を回りつづけて振動することがわかる（図 2.15（b））。

　数値計算と合わせて，w のヌルクラインが v のヌルクラインの二つの極値の間にある場合は，振動（減衰振動も含める）すると考えられる。ODE モデル (2.49) では S の大きさによって振動が生じるが，振動の振幅の大きさは S にあまり依存せず，この点で式 (2.47) からわかるように振幅の大きさが S に比例する 2 次遅れシステムとは対照的になっている。

3 線形時不変システム

　生命現象のモデリングに際して，対象を目的に応じて入出力システムと見なすことができる。例えば，外部環境変化やホルモン，細胞内部の酵素活性を入力，それら下流に位置する分子種の応答などを出力としてモデリングすることができる。線形時不変システムは，入出力関係に線形性，時不変性を仮定した最も基本的な入出力システムである。生命現象は非常に複雑であるため，現象の詳細な記述は線形時不変システムのみでは不十分であることが多いが，ある入力や時間の範囲で局所的に線形時不変システムで近似できることも少なくない。また，基本となる線形時不変システムの理解は，非線形または時変な入出力関係の理解を助けることになる。

　本章では，線形時不変システムの基本的な性質を学び，伝達関数による表現を通して入出力関係を周波数応答関数として捉える利点について述べる。

3.1　重ね合わせの理

　入力 $x(t)$ に対して出力 $y(t)$ を返すシステムを考え，本章においては 1 入力 1 出力のみのシステムを議論の対象とする。任意のある入力 $x_1(t)$ に対する出力が $y_1(t)$，別の任意のある入力 $x_2(t)$ に対する出力が $y_2(t)$ であるとき，以下の二つの条件を満たすシステムを**線形システム**（linear system）といい，(i)，(ii) を**重ね合わせの理**（principle of superposition）という。

(i)　入力 $x_1(t) + x_2(t)$ に対して，出力が $y_1(t) + y_2(t)$ である。

(ii)　c を任意の定数として，入力 $cx_1(t)$ に対して，出力が $cy_1(t)$ である。

重ね合わせの理が成り立たないシステムを，**非線形システム** (nonlinear system) という。また，システムの特性が時間とともに変化しないシステムを**時不変システム** (time–invariant system) といい，線形かつ時不変であるシステムを**線形時不変システム** (linear time–invariant system) という。以下では，線形時不変システムのことを **LTI システム**と略記することにする。L を LTI システムとすると，重ね合わせの理 (i), (ii) はより一般的に

$$L\left[\sum_i w_i x_i(t)\right] = \sum_i w_i L\left[x_i(t)\right]$$

と表せる。ここで，w_i は任意の定数 $w_i \in \Re$ である。

つぎのような $t = 0$ で立ち上がって一定の値をとる関数

$$u_a(t) = \begin{cases} 0 & (t < 0) \\ a & (t \geqq 0) \end{cases}$$

を**ステップ関数** (step function) という。特に $a = 1$ のとき，**単位ステップ関数** (unit step function) と呼ばれる。システムにステップ関数を入力として与えたときの出力を**ステップ応答** (step response) といい，単位ステップ関数を入力として与えたときの出力を**単位ステップ応答** (unit step response) という（**図 3.1**）。一般には入出力システムの入出力関係をいくつかの入出力例であるデータから同定することは簡単ではないが，同定する対象が LTI システムであれば，重ね合わせの理が成り立つので，以下に示すように単位ステップ応答さえわかっていればシステムを同定することが可能である。すなわち，単位ス

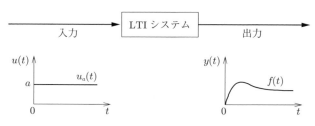

図 3.1 LTI システムのステップ応答

テップ応答の情報からそのシステムへの任意の入力 $x(t)$ に対する出力 $y(t)$ を得ることができる。

LTI システム L の単位ステップ応答を $f(t)$ とする。すなわち

$$f(t) = L[u_1(t)]$$

である。図 **3.2** のように，入力 $x(t)$ を単位ステップ関数の和

$$x(t) \approx x_{\Delta t}(t) = \sum_n^{\lfloor t/\Delta t \rfloor} \{u_1(t - n\Delta t) - u_1(t - (n+1)\Delta t)\}x(n\Delta t)$$

$$(3.1)$$

によって近似する。$\lfloor c \rfloor$ は，c に最も近い c より小さな整数値への丸めである。$x_{\Delta t}(t)$ は

$$x(t) = \lim_{\Delta t \to 0} x_{\Delta t}(t)$$

と極限において，$x(t)$ と一致する。すると，入力 $x(t)$ に対する出力は，重ね合わせの理から

$$y(t)$$
$$= L[x(t)]$$
$$= L\left[\lim_{\Delta t \to 0} x_{\Delta t}(t)\right]$$

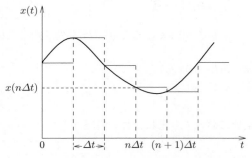

図 **3.2** ステップ関数による入力 $x(t)$ の表現

$$= L\left[\lim_{\Delta t \to 0} \sum_{n}^{\lfloor t/\Delta t \rfloor} \{u_1(t - n\Delta t) - u_1(t - (n+1)\Delta t)\}x(n\Delta t)\right]$$

$$= \lim_{\Delta t \to 0} \sum_{n}^{\lfloor t/\Delta t \rfloor} \{L[u_1(t - n\Delta t)] - L[u_1(t - (n+1)\Delta t)]\}x(n\Delta t)$$

$$= \lim_{\Delta t \to 0} \sum_{n}^{\lfloor t/\Delta t \rfloor} \{f(t - n\Delta t) - f(t - (n+1)\Delta t)\}x(n\Delta t)$$

$$= \lim_{\Delta t \to 0} \sum_{n}^{\lfloor t/\Delta t \rfloor} \frac{f(t - n\Delta t) - f(t - (n+1)\Delta t)}{\Delta t}x(n\Delta t)\Delta t$$

$$= -\int_0^t d\tau \, \frac{df(t - \tau)}{d\tau}x(\tau) = \int_0^t d\tau \, \frac{df(\tau)}{d\tau}x(t - \tau)$$

となる。

$$g(\tau) = \frac{df(\tau)}{d\tau} \tag{3.2}$$

とおくと

$$y(t) = \int_0^t d\tau g(\tau)x(t - \tau) \tag{3.3}$$

と**畳み込み積分**（convolution integral）の形で表される。

一方で，**デルタ関数**（delta function）とその関連式

$$\delta(t) = \begin{cases} \infty & (t = 0) \\ 0 & (t \neq 0) \end{cases}, \qquad \int du \, \delta(u) = 1, \qquad \int du \, \delta(u)f(u) = f(0)$$

を用いて，ステップ関数の和によって入力 $x(t)$ を表せたように

$$x(t) = \int du \, \delta(t - u)x(u)$$

と表すことができる。

和と同様に，積分においても重ね合わせの理は成り立つので，出力は

$$y(t) = L\,[x(t)]$$

$$= L\left[\int d\tau\ x(\tau)\delta(t-\tau)\right] = L\left[\int d\tau\ x(t-\tau)\delta(\tau)\right]$$

$$= \int d\tau\ x(t-\tau)L\left[\delta(\tau)\right] = \int d\tau\ x(t-\tau)h(\tau) \tag{3.4}$$

と表せる。ここで，$h(t) = L\left[\delta(t)\right]$ とおいた。デルタ関数 $\delta(t)$ は工学的には**単位インパルス関数**（unit impulse function）ともいわれており，$h(t)$ は**インパルス応答**（impulse response）と呼ばれる（**図 3.3**）。式 (3.4) と式 (3.3) を比べることにより，$g(t)$ はインパルス応答関数と等しく，入力とインパルス応答との畳み込み積分によって任意の入力に対する応答が実現されていることがわかる。

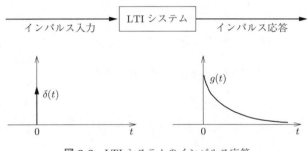

図 **3.3**　LTI システムのインパルス応答

3.2　伝　達　関　数

$x(t)$ を入力，$y(t)$ を出力とする n 階 ODE

$$\frac{d^n y(t)}{dt^n} + a_{n-1}\frac{d^{n-1}y(t)}{dt^{n-1}} + \cdots + a_1\frac{dy(t)}{dt} + a_0 y(t)$$

$$= b_m\frac{d^m x(t)}{dt^m} + b_{m-1}\frac{d^{m-1}x(t)}{dt^{m-1}} + \cdots + b_1\frac{dx(t)}{dt} + b_0 x(t) \tag{3.5}$$

は，LTI システムである。式 (3.5) が LTI システムであることを議論するために，**ラプラス変換**（Laplace transform）を導入する。$t \leqq 0$ で定義された関数 $f(t)$ のラプラス変換 $F(s)$ は

$$F(s) = \mathcal{L}[f(t)] = \int_0^\infty dt\, f(t)e^{-st} \tag{3.6}$$

と定義される。$\mathcal{L}[\cdot]$ はラプラス変換を表し，$s \in \mathbb{C}$ である。一方で，$F(s)$ に対してラプラス逆変換（inverse Laplace transform）

$$f(t) = \mathcal{L}^{-1}[F(s)] = \int_{c-\mathrm{i}\infty}^{c+\mathrm{i}\infty} ds\, F(s)e^{st} \tag{3.7}$$

が成り立ち，$f(t)$ と $F(s)$ は 1 対 1 に対応する。ここで，c は実定数で，虚数単位 $\mathrm{i}^2 = -1$ である。実際にラプラス逆変換を評価する際には，式 (3.7) よりも部分分数展開によって計算されることが多い。

ラプラス変換の基本的な性質を挙げる。

線　形　性

$$\mathcal{L}[\alpha f(t) + \beta g(t)] = \alpha \mathcal{L}[f(t)] + \beta \mathcal{L}[g(t)]$$

ただし，α, β は定数，$\mathcal{L}[g(t)] = G(s)$ である。

時間軸推移

$$\mathcal{L}[f(t - \tau)] = e^{-\tau s}F(s) \qquad (\tau > 0)$$

時間軸スケーリング

$$\mathcal{L}[f(at)] = \frac{1}{a}F\left(\frac{s}{a}\right) \qquad (a > 0)$$

時　間　微　分

$$\mathcal{L}\left[\frac{df(t)}{dt}\right] = sF(s) - f(0+)$$

∵　部分積分より

$$\int_0^\infty dt\, \frac{df(t)}{dt}e^{-st} = \left[f(t)e^{-st}\right]_0^\infty + \int_0^\infty dt\, f(t)se^{-st}$$

である。

時　間　積　分

$$\mathcal{L}\left[\int_0^t du\, f(u)\right] = \frac{F(s)}{s} \tag{3.8}$$

∵　部分積分より

$$\int_0^\infty dt\ e^{-st} \int_0^t du\ f(u) = \left[-\frac{e^{-st}}{s} \int_0^t du\ f(u) \right]_0^\infty$$
$$+ \frac{1}{s} \int_0^\infty dt\ f(t)e^{-st}$$

である。

畳み込み積分

$$\mathcal{L}\left[\int_0^t du\ f(u)g(t-u) \right] = F(s)G(s)$$

∵　積分の順序を変えて

$$\int_0^\infty dt\ e^{-st} \int_0^t du\ f(u)g(t-u)$$
$$= \int_0^\infty du\ g(u) \int_u^\infty dt\ f(t-u)e^{-st}$$
$$= \int_0^\infty du\ g(u)e^{-su} \int_u^\infty dt\ f(t-u)e^{-s(t-u)}$$
$$= \int_0^\infty du\ g(u)e^{-su} \int_0^\infty d(t-u)\ f(t-u)e^{-s(t-u)}$$

である。

最終値の定理

$$\lim_{t\to\infty} f(t) = \lim_{s\to 0} sF(s)$$

初期値の定理

$$f(0+) = \lim_{s\to\infty} sF(s)$$

時間微分と時間積分は，より一般的に

$$\mathcal{L}\left[\frac{d^n}{dt^n} f(t) \right] = s^n F(s)$$
$$\mathcal{L}\left[\int_0^t \cdots \int_0^t f(t)(dt)^n\ f(t) \right] = \frac{1}{s^n} F(s)$$

が成り立つ。ただし，すべて初期値を

$$f(0) = \left.\frac{df(t)}{dt}\right|_{t=0} = \left.\frac{d^2 f(t)}{dt^2}\right|_{t=0} = \cdots = \left.\frac{d^{n-1} f(t)}{dt^{n-1}}\right|_{t=0} = 0$$

とおく。

ラプラス変換の基本的な例をいくつか示す。

単位インパルス（デルタ）関数

$$\mathcal{L}[\delta(t)] = \int_0^\infty \delta(t) e^{-st} = 1$$

単位ステップ関数

$$\mathcal{L}[u_1(t)] = \int_0^\infty dt\ u_1(t) e^{-st} = \int_0^\infty dt\ e^{-st} = \frac{1}{s}$$

単位ランプ関数

$$tu_1(t) = \begin{cases} t & (t \geq 0) \\ 0 & (t < 0) \end{cases}$$

を単位ランプ関数（unit ramp function）という。部分積分より

$$\mathcal{L}[tu_1(t)] = \int_0^\infty dt\ te^{-st} = \left[\frac{e^{-st}}{s}\right]_0^\infty + \frac{1}{s}\int_0^\infty dt\ e^{-st}$$
$$= \frac{1}{s}\int_0^\infty dt\ e^{-st} = \frac{1}{s^2}$$

である。

片側指数関数

$$\mathcal{L}[e^{-at}u_1(t)] = \int_0^\infty dt\ e^{-at}e^{-st} = \int_0^\infty dt\ e^{-(s+a)t} = \frac{1}{s+a}$$

a は定数である。

片側正弦波関数

オイラーの公式（Euler's formula）

$$e^{\mathrm{i}\theta} = \cos\theta + \mathrm{i}\sin\theta$$

を用いると，正弦波関数は

$$\sin\theta = \frac{1}{2\mathrm{i}}(e^{\mathrm{i}\theta} - e^{-\mathrm{i}\theta})$$

と表せる。これより，角周波数 ω の片側正弦波関数 $u_1(t)\sin\omega t$ のラプラス変換は

$$\mathcal{L}[u_1(t)\sin\omega t] = \frac{1}{2\mathrm{i}}\int_0^\infty (e^{\mathrm{i}\omega t} - e^{-\mathrm{i}\omega t})e^{-st}$$
$$= \frac{1}{2\mathrm{i}}\left(\frac{1}{s-\mathrm{i}\omega} - \frac{1}{s+\mathrm{i}\omega}\right) = \frac{\omega}{s^2+\omega^2}$$

である。

　任意の LTI システムの出力を表す入力と式 (3.4) で表されるインパルス応答の畳み込み積分をラプラス変換すると

$$\mathcal{L}[y(t)] = Y(s) = H(s)X(s) \tag{3.9}$$

より，インパルス応答のラプラス変換は，入力と出力のラプラス変換の比

$$H(s) = \frac{Y(s)}{X(s)} \tag{3.10}$$

に等しいことがわかり，式 (3.10) は**伝達関数**（transfer function）と呼ばれる。伝達関数はインパルス応答関数とラプラス変換およびラプラス逆変換によって1 対 1 に対応しているので，LTI システムの入出力関係は伝達関数によっても記述されることがわかる。

　式 (3.5) の両辺をラプラス変換すると，$\mathcal{L}[y(t)] = Y(s)$，$\mathcal{L}[x(t)] = X(s)$ として

$$\left(s^n + a_{n-1}s^{n-1} + \cdots + a_1 s + a_0\right)Y(s)$$
$$= \left(b_m s^m + b_{m-1}s^{m-1} + \cdots + b_1 s + b_0\right)X(s)$$

であるから，伝達関数

$$H(s) = \frac{Y(s)}{X(s)} = \frac{b_m s^m + b_{m-1}s^{m-1} + \cdots + b_1 s + b_0}{s^n + a_{n-1}s^{n-1} + \cdots + a_1 s + a_0} \tag{3.11}$$

が得られる。分母の次数から式 (3.11) の伝達関数をもつ LTI システムは，**n 次システム**（n–th order system）と呼ばれる。$n < m$ である LTI システムをイ

ンプロパー（improper）といい，微分に相当する操作が含まれるので，システ
ムとして物理的な実現は厳密にはできない。また，式 (3.11) は

$$H(s) = K\frac{(s - z_1)(s - z_2)\cdots(s - z_m)}{(s - p_1)(s - p_2)\cdots(s - p_n)}$$

と表せて，K をゲイン（gain），$z_i\,(i = 1,\ldots,m)$ を零点（zero），$p_j\,(j = 1,\ldots,n)$
を極（pole）という。ここで，零点は $H(s) = 0$ となる点であり，方程式

$$b_m s^m + b_{m-1} s^{m-1} + \cdots + b_1 s + b_0 = 0$$

の根であり，$n > m$ の場合は $s = \infty$ も含まれる。極は，方程式

$$s^n + a_{n-1} s^{n-1} + \cdots + a_1 s + a_0 = 0$$

の根である。LTI システムの動的特性は伝達関数の極と零点に表れ，特に極は
発散や収束などシステムの安定性を調べる上で重要である。

　1 次遅れシステムと 2 次遅れシステムの伝達関数を求めてみる。1 次遅れシ
ステム

$$\tau\frac{dy}{dt} = x - y, \qquad y(0) = 0$$

の両辺をラプラス変換して

$$\tau s Y(s) = X(s) - Y(s)$$

であるから，伝達関数

$$H(s) = \frac{Y(s)}{X(s)} = \frac{1}{1 + \tau s} \tag{3.12}$$

を得る。また，$\tau \gg 1$ として，式 (3.12) の伝達関数をテイラー展開すると

$$\frac{1}{1 + \tau s} = \frac{1}{\tau s}\left(1 + \frac{1}{\tau s}\right)^{-1} = \frac{1}{\tau s}\left(1 - \frac{1}{\tau s} + \cdots\right) \approx \frac{1}{\tau s}$$

より，$Y(s) \approx X(s)/(\tau s)$ であるが式 (3.8) と比べることで，1 次遅れシステム
は積分要素に近い振舞いをすることがわかる。

　2 次遅れシステム

$$\frac{d^2y}{dt^2} + 2\zeta\frac{dy}{dt} + y = x, \qquad y(0) = 0, \qquad \left.\frac{dy}{dt}\right|_{t=0} = 0$$

の両辺をラプラス変換して

$$s^2Y(s) + 2\zeta sY(s) + Y(s) = X(s)$$

であるから，伝達関数

$$H(s) = \frac{Y(s)}{X(s)} = \frac{1}{1 + 2\zeta s + s^2} \tag{3.13}$$

を得る。

3.3　周 波 数 応 答

伝達関数が式 (3.12) で与えられる 1 次遅れ系に，片側正弦波

$$x(t) = u_1(t)\sin\omega t$$

を入力したときの定常状態における出力 $y_{ss}(t)$ を求めてみる。

$$X(s) = \mathcal{L}[x(t)] = \mathcal{L}\left[u_1(t)\sin\omega t\right] = \frac{\omega}{s^2 + \omega^2}$$

であるから，$Y(s) = \mathcal{L}[y(t)]$ として，部分分数展開により

$$\begin{aligned}
Y(s) = H(s)X(s) &= \frac{1}{1 + \tau s}\frac{\omega}{s^2 + \omega^2} \\
&= \frac{\omega}{1 + \tau^2\omega^2}\left(\frac{\tau^2}{1 + \tau s} + \frac{1 - \tau s}{s^2 + \omega^2}\right) \\
&= \frac{\omega}{1 + \tau^2\omega^2}\frac{\tau^2}{1 + \tau s} + \frac{\omega}{1 + \tau^2\omega^2}\frac{1}{2i\omega}\left(\frac{1 - i\omega\tau}{s - i\omega} - \frac{1 + i\omega\tau}{s + i\omega}\right) \\
&= \frac{\omega\tau^2}{1 + \tau^2\omega^2}H(s) + \frac{1}{2i}\left\{\frac{H(i\omega)}{s - i\omega} - \frac{H(-i\omega)}{s + i\omega}\right\}
\end{aligned} \tag{3.14}$$

となる。ラプラス逆変換して

$$\mathcal{L}^{-1}[Y(s)] = \frac{\omega\tau^2}{1 + \tau^2\omega^2}\mathcal{L}^{-1}[H(s)]$$

$$+ \frac{1}{2\mathrm{i}} \left\{ H(\mathrm{i}\omega) \mathcal{L}^{-1} \left[\frac{1}{s - \mathrm{i}\omega} \right] - H(-\mathrm{i}\omega) \mathcal{L}^{-1} \left[\frac{1}{s + \mathrm{i}\omega} \right] \right\}$$

$$= \left[\frac{\omega\tau^2}{1 + \tau\omega^2} e^{-\frac{t}{\tau}} + \frac{1}{2\mathrm{i}} \left\{ H(\mathrm{i}\omega)e^{\mathrm{i}\omega t} - H(-\mathrm{i}\omega)e^{-\mathrm{i}\omega t} \right\} \right] u_1(t)$$

$$\tag{3.15}$$

を得る。

十分時間が経過した定常状態では，式 (3.15) の過渡応答を表す第 1 項は無視できる。したがって，$H(\mathrm{i}\omega)e^{\mathrm{i}\omega t}$ と $H(-\mathrm{i}\omega)e^{-\mathrm{i}\omega t}$ はたがいに複素共役であることに注意して

$$\begin{aligned}
y_{\mathrm{ss}}(t) &= \frac{1}{2\mathrm{i}} \left\{ H(\mathrm{i}\omega)e^{\mathrm{i}\omega t} - H(-\mathrm{i}\omega)e^{-\mathrm{i}\omega t} \right\} \\
&= \Im \left[H(\mathrm{i}\omega)e^{\mathrm{i}\omega t} \right] = \Im \left[|H(\mathrm{i}\omega)|e^{\mathrm{i}\phi(\omega)}e^{\mathrm{i}\omega t} \right] \\
&= |H(\mathrm{i}\omega)| \Im \left[e^{\mathrm{i}\{\omega t + \phi(\omega)\}} \right] \\
&= |H(\mathrm{i}\omega)| \Im \left[\cos\{\omega t + \phi(\omega)\} + \mathrm{i}\sin\{\omega t + \phi(\omega)\} \right] \\
&= |H(\mathrm{i}\omega)| \sin(\omega t + \phi(\omega))
\end{aligned} \tag{3.16}$$

を得る。ここで，$\phi(\omega) = \arg H(i\omega)$ であり，$\Im[\cdot]$ は複素数の虚部を表す。複素数 $x + \mathrm{i}y$ $(x, y \in \mathbb{R})$ に対して

$$|x + \mathrm{i}y| = \sqrt{x^2 + y^2}, \qquad \arg(x + \mathrm{i}y) = \tan^{-1}\frac{y}{x}$$

であるから

$$|H(i\omega)| = \frac{1}{\sqrt{1 + \tau^2\omega^2}}, \qquad \arg H(i\omega) = -\tan^{-1}\tau\omega$$

より，式 (3.16) は

$$y_{\mathrm{ss}}(t) = \frac{1}{\sqrt{1 + \tau^2\omega^2}} \sin\left(\omega t - \tan^{-1}\tau\omega\right) \tag{3.17}$$

となる。

式 (3.17) は，正弦波の入力に対して出力は同じ角周波数の正弦波となり，振幅と位相だけが変化していることがわかる。また，余弦波についても同様であ

る。このことは，一般の伝達関数をもつ LTI システムにおいて，同様に成り立
つ（図 **3.4**）。一方で，フーリエ解析学[11] によれば，実用上はほぼ問題がない
ほどのかなり広い範囲のクラスの入力 $x(t)$ を正弦波の重ね合わせで表現するこ
とが可能である。したがって，任意の角周波数における正弦波の入力に対して
振幅と位相の変化を知ることは，伝達関数を知ることと数学的に等価であるが，
伝達関数を振幅と位相の変化に関連づけることで，LTI システムの動的特性の
一面を理解しやすくなるという利点がある。

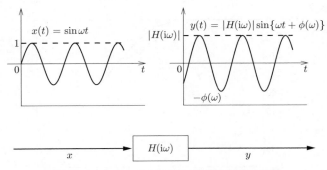

図 **3.4** LTI システムにおける周波数応答の原理

フーリエ変換（Fourier transform）$\mathcal{F}$ は

$$F(\mathrm{i}\omega) = \mathcal{F}[f(t)] = \int_{-\infty}^{\infty} dt\, f(t)e^{-\mathrm{i}\omega t}$$

と定義され，**フーリエ逆変換**（inverse Fourier transform）$\mathcal{F}^{-1}$ は

$$f(t) = \mathcal{F}^{-1}[F(\mathrm{i}\omega)] = \frac{1}{2\pi}\int_{-\infty}^{\infty} d\omega\, F(\mathrm{i}\omega)e^{\mathrm{i}\omega t}$$

と定義される。式 (3.4) の両辺をフーリエ変換して

$$Y(\mathrm{i}\omega) = H(\mathrm{i}\omega)X(\mathrm{i}\omega) \tag{3.18}$$

を得る。ただし，$Y(\mathrm{i}\omega) = \mathcal{F}[y(t)]$，$H(\mathrm{i}\omega) = \mathcal{F}[h(t)]$，$X(\mathrm{i}\omega) = \mathcal{F}[x(t)]$ であ
る。式 (3.18) より，入力と出力のフーリエ変換の比で表される

$$H(\mathrm{i}\omega) = \frac{Y(\mathrm{i}\omega)}{X(\mathrm{i}\omega)}$$

を**周波数応答関数**（frequency response function），または**周波数伝達関数**（frequency transfer function）という。周波数応答関数は伝達関数に $s = i\omega$ と代入したものと形式的に一致し，角周波数 ω の正弦波の入力に対する $|H(i\omega)|$ は振幅（ゲイン），$\arg H(i\omega)$ は位相の変化である。横軸を角周波数 ω，縦軸をそれぞれ $|H(i\omega)|$ および $\arg H(i\omega)$ とするプロットを，それぞれ**ゲイン線図**（gain diagram）[†1] および**位相線図**（phase diagram）という。ゲイン線図と位相線図の二つを合わせて，**ボーデ線図**（Bode diagram）[†2] という。

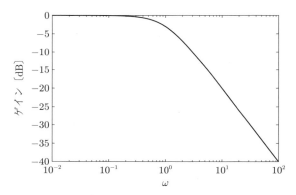

図 3.5 1 次遅れシステムのゲイン線図

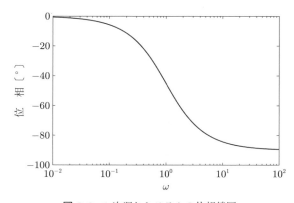

図 3.6 1 次遅れシステムの位相線図

伝達関数（式 (3.12)）をもつ 1 次遅れシステムの周波数応答関数は

$$H(\mathrm{i}\omega) = \frac{1}{1 + \mathrm{i}\tau\omega}$$

であり，ゲイン線図，および位相線図は，それぞれ**図 3.5**，**図 3.6** のようになる。

伝達関数（式 (3.13)）をもつ 2 次遅れシステムの周波数応答関数は

$$H(\mathrm{i}\omega) = \frac{1}{1 + 2\mathrm{i}\zeta\omega - \omega^2}$$

であり，ゲイン線図，および位相線図は，それぞれ**図 3.7**，**図 3.8** のようになる。

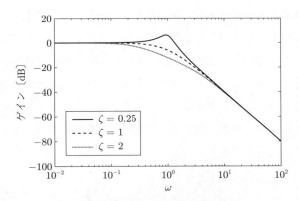

図 3.7 2 次遅れシステムのゲイン線図

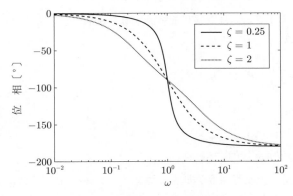

図 3.8 2 次遅れシステムの位相線図

4 確率過程による反応モデル

■ bioinformatics ■ ■ ■ ▬ ▬ ▬ ■ ▬ ■ ■ ▬ ■ ■

2章では，生化学反応の考え方に基づいて，ODE モデルによって分子種濃度のダイナミクスを力学的に記述する方法について述べた。しかし一方で，分子が粒子であることを考えると，反応は分子の衝突によって進み，反応の過程は各分子種の個数の変化である。したがって，各時刻での状態は非負の整数をとって，厳密には連続的な変化ではないはずである。実は，生化学反応が ODE でうまく記述できるのは，分子の個数が非常に大量にあるときに限られ，分子の個数が少ない場合は反応が確率的に起きているとしてモデル化するほうが適切である。本章では，確率過程を用いた反応モデルの記述方法と，そのシミュレーション方法について述べる。

4.1 ポアソン分布

表が出る確率が θ のコイン投げを考えよう。n 回コインを投げて表が k 回出る確率は二項分布に従い

$$p(k) = \binom{n}{k} \theta^k (1-\theta)^{n-k} \tag{4.1}$$

となる。ただし

$$\binom{n}{k} = \frac{n!}{k!(n-k)!}$$

である。二項分布で試行回数が非常に大きい一方，確率 θ が非常に小さく，両者の積が一定になる状況を考える。特に $n \to \infty$ となるような状況では，$n\theta \to \lambda$

とすると

$$\theta = \frac{\lambda + o(1)}{n}$$

でなければならない。$o(\cdot)$ はランダウの記号であり，この場合，$o(1)$ は $n \to \infty$ で 0 に漸近するような項である[†]。すると，式 (4.1) より，**ポアソン分布** (Poisson distribution)

$$
\begin{aligned}
p(k) &= \frac{n!}{k!(n-k)!} \left\{ \frac{\lambda + o(1)}{n} \right\}^k \left\{ 1 - \frac{\lambda + o(1)}{n} \right\}^{n-k} \\
&= \frac{\{\lambda + o(1)\}^k}{k!} \frac{n(n-1)\cdots(n-k+1)}{n^k} \left\{ 1 - \frac{\lambda + o(1)}{n} \right\}^{n-k} \\
&= \frac{\{\lambda + o(1)\}^k}{k!} \left(1 - \frac{1}{n}\right) \cdots \left(1 - \frac{k-1}{n}\right) \left\{ 1 - \frac{\lambda + o(1)}{n} \right\}^{n-k} \\
&\to \frac{\lambda^k}{k!} e^{-\lambda} \qquad (n \to \infty)
\end{aligned}
\tag{4.2}
$$

が得られる。式 (4.2) で表されるパラメータ λ をもつポアソン分布を，$\mathcal{P}_o(k|\lambda)$ と表すことにする。ポアソン分布は，起きる確率は小さいが試行回数が大きいと見なせるような事象が起きる回数の確率分布を，近似的によく表していると考えることができる。

　ポアソン分布 $\mathcal{P}_o(k|\lambda)$ に従う確率変数 X の平均と分散は一致し

$$E[X] = Var[X] = \lambda$$

となる（付録 A.3 参照）。ここで，E$[\cdot]$, Var$[\cdot]$ は，それぞれ $[\cdot]$ の平均，および分散を表す。また，確率変数 X, Y が，ポアソン分布 $\mathcal{P}_o(k|\lambda_1), \mathcal{P}_o(k|\lambda_2)$ にそれぞれ従うとすると，確率変数 $Z = X + Y$ は，ポアソン分布

$$\mathcal{P}_o(k|\lambda_1 + \lambda_2)$$

に従い，このような性質を分布の**再生性**（reproduction, 付録 A.3 参照）という。

[†]　一般に，$\lim_{x \to x_0} f(x)/g(x) = 0$ のとき，$f(x)$ が $g(x)$ よりも小さなオーダーであることを $f(x) = o(g(x))$ $(x \to x_0)$ と表記する。考えている x の極限が自明なときは，$x \to x_0$ の表記が省略されることも多い。

4.2　ポアソン過程による生化学反応の記述

分子種 A が分子種 B と反応して，分子種 C へと変わる生化学反応

$$A + B \to C \tag{4.3}$$

を考えよう。反応 (4.3) では，分子種 A と分子種 B がランダムに動き回ってそれぞれ一つずつが出会うことによって反応が生じ，分子種 C が生成されると考えることができる。時刻 t における分子種 $(\cdot)$ の分子の個数を $X_{(\cdot)}(t)$ と表し，各分子種の分子の個数を成分にもつ状態ベクトルを $\boldsymbol{X}(t) = (X_A(t), X_B(t), X_C(t))^{\top}$ とすると，時刻 t までに起きた反応の数 $R(t)$ を用いて

$$\boldsymbol{X}(t) = \boldsymbol{X}(0) + R(t) \begin{pmatrix} -1 \\ -1 \\ 1 \end{pmatrix} \tag{4.4}$$

と表せる。ただし，$R(0) = 0$ である。反応はランダムに動き回る分子が出会う結果によって起きるので，時刻 t までの起きる反応の数はある確率分布に従う確率変数であると考えることができ，$Y(t)$ で表すことにする。ただし，$R(0) = 0$ なので，$Y(0) = 0$†である。すると，区間 $(t, s]$ $(s > t)$ に起こる反応の回数は，$Y(s) - Y(t)$ である。

　つぎの仮定

　仮定 1　ある時刻に起こり得る反応の数は最大一つである（同時刻に二つ以上の反応は起こらない）。

　仮定 2　任意の二つの重ならない時刻の区間それぞれで起こる反応の数は独立である。すなわち，$Y(t_k) - Y(t_{k-1})$ $(t_{k-1} < t_k,\ 1 \leqq k \leqq N)$ はそれぞれたがいに独立である。

　仮定 3　$Y(t + a) - Y(t)$ $(a > 0)$ の確率分布は時刻 t に依存しない。

---

†　より正確には $p(Y(0) = 0) = 1$

を満たすとき，$Y(s) - Y(t)$ はポアソン分布に従うと見なせる。また，$Y(t)$ は
ポアソン過程に従っているという。仮定 1 は，事象が起きる確率は低いので，
同時刻に二つ以上の反応が起きる $O(\theta^2)$ 以下の確率で起きる事象は無視して構
わない状況を指している。ここで，$O(\theta^2)$ は，θ^2 のオーダーを表す†。仮定 2
と仮定 3 は，反応システムの時不変性に関連している。仮定 1, 2, 3 の下で

$$p\left(Y(s) - Y(t) = k\right) = \frac{\{\lambda(s-t)\}^k}{k!} e^{-\lambda(s-t)} \tag{4.5}$$

となり，λ はここでは定数のパラメータである。式 (4.5) より，反応が起きる回数
は，反応回数を観測する時間幅と λ に依存し，λ は単位時間当りの反応の起きや
すさを表していると解釈できる。いま，$Y(t)$ が従うポアソン分布の λ を明示的
に $Y_\lambda(t)$ と書くことにすると，$Y_\lambda(t)$ は $\mathcal{P}_o(k|\lambda t)$ に従っていて，$Y_\lambda(t) = Y_1(\lambda t)$
であることがわかる。これは，時間スケールを調節することで $\lambda = 1$ に正規化
することに相当している。したがって

$$\begin{aligned}
p\left(Y_\lambda(s) - Y_\lambda(t) = k\right) &= p\left(Y_1(\lambda s) - Y_1(\lambda t) = k\right) \\
&= p\left(Y_1\left(\lambda(s-t)\right) = k\right) \\
&= \frac{\{\lambda(s-t)\}^k}{k!} e^{-\lambda(s-t)}
\end{aligned}$$

である。

　短い時間幅 Δt で反応が起きる確率を評価する。時間幅 Δt で反応が起きる
確率は，十分に小さく Δt をとれば

$$\begin{aligned}
p\left(Y_\lambda(t + \Delta t) - Y_\lambda(t) > 0\right) &= 1 - p\left(Y_\lambda(t + \Delta t) - Y_\lambda(t) = 0\right) \\
&= 1 - p\left(Y_1(\lambda \Delta t) = 0\right) \\
&= 1 - e^{-\lambda \Delta t} = \lambda \Delta t + o(\Delta t) \\
&\approx \lambda \Delta t \tag{4.6}
\end{aligned}$$

---

†　一般に，ある関数 $f(x)$ と $g(x)$ が $x = x_0$ の近傍で同じオーダーであれば，x によら
ないある K の定数を用いて $|f(x)/g(x)| \leq K$ という関係を満たし，$f(x) = O(g(x))$
$(x \to x_0)$ と表記される。自明な場合は，$x \to x_0$ が省略されることも多い。

となる。一方で

$$p\left(Y_\lambda(t + \Delta t) - Y_\lambda(t) = 1\right) = \lambda \Delta t e^{-\lambda \Delta t} = \lambda \Delta t + o(\Delta t)$$

$$\approx \lambda \Delta t$$

でもある。よって，十分に小さい Δt の下では時間幅 Δt の間に起きる事象は，反応が起きない，および高々 1 回の反応が起きるのが支配的で，ほぼ同時刻に 2 回以上の反応が起きないようなモデルになっていることが確認できる。また，時間幅 Δt の間に反応が起きる確率が $\lambda \Delta t$ であることがわかる。

時間区間 $[0, t]$ を区間 $(t_i, t_{i+1}]$ $(t_{i+1} - t_i = \Delta t,\ i = 0, \ldots, n)$ に分割し，各区間で $\lambda = \lambda_i$ とする。式 (4.5) より，区間 $(t_i, t_{i+1}]$ において，反応が起きる確率は

$$p\left(Y_{\lambda_i}(\Delta t) = k\right) = p\left(Y_1(\lambda_i \Delta t) = k\right) = \frac{(\lambda_i \Delta t)^k}{k!} e^{-\lambda_i \Delta t}$$

であるので，ポアソン分布の再生性から

$$R(t) = \sum_{i=0}^{n} Y_1\left(\lambda_i \Delta t\right) = Y_1\left(\sum_{i=0}^{n} \lambda_i \Delta t\right)$$

がわかる。

反応速度論的な観点からは，反応の進行とともに λ は変化すると考えるほうが自然である。λ は時間に依存した関数 $\lambda(t)$ とすると，直観的な理解ではあるが，Δt が十分に小さければ

$$\sum_{i=0}^{n} \lambda_i \Delta t \approx \int_0^t ds\, \lambda(s)$$

より

$$R(t) = Y_1\left(\int_0^t ds\, \lambda(s)\right)$$

となることがわかる。例えば，式 (4.3) においては，$\lambda(t) = \kappa X_A(t) X_B(t)$ であり

$$X(t) = X(0) + \begin{pmatrix} -1 \\ -1 \\ 1 \end{pmatrix} Y_1 \left(\int_0^t ds\, \kappa X_A(s) X_B(s) \right)$$

となる。

より一般的に，分子種 S_i $(i = 1, \ldots, N)$ が反応 R_j $(j = 1, \ldots, M)$ に関与している状況を考える。反応 R_j によって分子の数が

$$\sum_i^N \nu_{ji} S_i \to \sum_i^N \tilde{\nu}_{ji} S_i \tag{4.7}$$

と変化するならば，ベクトル

$$\boldsymbol{\zeta}_j = \tilde{\boldsymbol{\nu}}_j - \boldsymbol{\nu}_j$$

は，反応 R_j による各分子種の変化を表す。ここで $\boldsymbol{\nu}_j$ は，ν_{ji} $(i = 1, \ldots, N)$ を成分にもつベクトルであり，ν_{ji} は反応 R_j における反応前の分子種 S_i の分子の数を表す係数である。同様に，ベクトル $\tilde{\boldsymbol{\nu}}_j$ の成分 $\tilde{\nu}_{ji}$ は，反応 R_j における反応後の分子種 S_i の分子の数を表す係数である。すると

$$X(t) = X(0) + \sum_j^M \boldsymbol{\zeta}_j R_j(t) = X(0) + \sum_j^M \boldsymbol{\zeta}_j Y_1 \left(\int_0^t ds\, \lambda_j \left(X(s) \right) \right) \tag{4.8}$$

と表せる。$\lambda_j \left(X(t) \right)$ は，反応 R_j に関するポアソン過程のパラメータであり，強度と呼ぶことにする。

反応系が質量作用の法則に従うとすれば

$$\lambda_j(X) = \kappa_j \left(\prod_i \nu_{ji}! \right) \left\{ \prod_k \binom{X_k}{\nu_{jk}} \right\} = \kappa_j \prod_i \frac{X_i!}{(X_i - \nu_{ji})!}$$

と表せる。κ_j は反応速度定数である。例えば，反応 $R_1 : S_1 \to \phi$ を考えると，$\nu_{1,1} = 1$ で

$$\lambda_1(X_1) = \kappa_1 \frac{X_1(X_1 - 1) \cdots 2 \cdot 1}{(X_1 - 1) \cdots 2 \cdot 1} = \kappa_1 X_1$$

である。反応 $R_2 : S_1 + S_2 \rightarrow \phi$ では，$\nu_{2,1} = \nu_{2,2} = 1$ で

$$\lambda_2(X_1, X_2) = \kappa_2 \frac{X_1(X_1 - 1) \cdots 2 \cdot 1}{(X_1 - 1) \cdots 2 \cdot 1} \frac{X_2(X_2 - 1) \cdots 2 \cdot 1}{(X_2 - 1) \cdots 2 \cdot 1} = \kappa_2 X_1 X_2$$

となり，反応 $R_3 : 2S_1 \rightarrow \phi$ では，$\nu_{3,1} = 2$ で

$$\lambda_3(X_1) = \kappa_3 \frac{X_1(X_1 - 1)(X_1 - 2) \cdots 2 \cdot 1}{(X_1 - 2) \cdots 2 \cdot 1} = \kappa_3 X_1(X_1 - 1)$$

である。

4.3　確率モデルの数値シミュレーション

　生化学反応は，ポアソン過程を用いることで確率モデルとして，式 (4.8) の
ように記述できることがわかった。一般に，生命現象に関わる生化学反応系の
確率モデルは，その振舞いや性質を解析的な方法だけで十分に調べられること
は少ない。よって，数値シミュレーションの力を借りて調べることが多くの場
合で必要になる。

4.3.1　Gillespie　法

Gillespie 法（Gillespie algorithm）[12), 13)] は，反応一つ一つが起きる時刻を
陽に特定してシミュレーションを行っていく方法である。最後の反応が起きて
からつぎの反応が起きるまでの時間と反応の種類を，ポアソン過程に従ってサ
ンプリングし，一つの反応が起きるごとに $\boldsymbol{X}(t)$ を更新していく。式 (4.8) のモ
デルを例に，シミュレーションすることを考えよう。

　$(t, t + \Delta t]$ で反応 R_j が起きる確率は

$$p\left(Y_{\lambda_j}(t + \Delta t) - Y_{\lambda_j}(t) = 1\right) = p\left(Y_1(\lambda_j(t)\Delta t) = 1\right)$$

$$\approx \lambda_j(t)\Delta t$$

であり，$(t, t + \Delta t]$ で反応 $R_1, \ldots, R_M$ のいずれかが起きる確率は，$\lambda_0(t) = \sum_j^M \lambda_j(t)$ とおいて

$$p\left(\sum_j^M Y_1(\lambda_j(t)\Delta t) = 1\right) = p\left(Y_1\left(\sum_j^M \lambda_j(t)\Delta t\right) = 1\right)$$

$$= p\left(Y_1(\lambda_0(t)\Delta t) = 1\right) \approx \lambda_0(t)\Delta t$$

である。したがって，$(t, t + \Delta t]$ で $R_1, \ldots, R_M$ のいずれかの反応が起きたとき，その反応が R_j である確率は

$$\frac{\lambda_j(t)\Delta t}{\lambda_0(t)\Delta t} = \frac{\lambda_j(t)}{\lambda_0(t)} \tag{4.9}$$

である。

つぎに，反応が起きる時間間隔の分布を調べる。T_1 を最初に反応が起きるまでの時間間隔，N_t を時間区間 $[0, t]$ で起きた反応の回数とすると，強度 λ の反応において t までに最初の反応が起きている確率 $P_1(t)$ は

$$P_1(t) = p(T_1 \leqq t) = p(N_t \geqq 1) = p(Y_\lambda(t) \geqq 1)$$

$$= p(Y_1(\lambda t) \geqq 1) = 1 - p(Y_1(\lambda t) = 0)$$

$$= 1 - e^{-\lambda t} \tag{4.10}$$

となるので

$$p_1(t) = \frac{d}{dt}P_1(t) = \lambda e^{-\lambda t}$$

より，確率密度分布は指数分布になることがわかる。よって，$(t, t + \Delta t]$ で反応 $R_1, \ldots, R_M$ のいずれかの最初の反応が起きるまでの時間の確率密度分布は

$$\lambda_0(t)e^{-\lambda_0(t)\Delta t} \tag{4.11}$$

となる。

これらより，直前の反応が起きた時点からつぎの反応が起きるまでの時間間隔を式 (4.11) で表される確率密度分布からサンプリングし，起きた反応の種類を式 (4.9) による確率で決めればよいとわかる。Gillespie 法は，**アルゴリズム 4.1** のようにまとめられる。

アルゴリズム 4.1   Gillespie   法

1: $t = t_0$ とし，初期値 $\boldsymbol{X} = \boldsymbol{X}_{t_0}$ を与える。
2: $\lambda_j = \lambda_j(t)$, $\lambda_0 = \lambda_0(t)$ を評価する。
3: $[0,1)$ の一様分布から，独立に二つの乱数 u_1, u_2 を生成する。
4: $\tau = \dfrac{1}{\lambda_0} \log \dfrac{1}{u_1}$ とする。   ▷ 式 (4.11) からの時間間隔のサンプリングに相当する。
5: $\dfrac{1}{\lambda_0} \displaystyle\sum_{k=1}^{\mu-1} \lambda_k < u_2 \leqq \dfrac{1}{\lambda_0} \displaystyle\sum_{k=1}^{\mu} \lambda_k$ を満たす μ を求める。   ▷ 式 (4.9) の確率に基づいて反応の種類を決めることに相当する。
6: $\boldsymbol{X} \leftarrow \boldsymbol{X} + \zeta_\mu$ として，$t \leftarrow t + \tau$ と更新する。
7: ステップ 2: へ戻る。

4.3.2 τ–leaping 法

Gillespie 法では，生化学反応が起きる時点を一つずつサンプリングして $\boldsymbol{X}(t)$ の挙動をシミュレーションするという方法であった。Gillespie 法は反応を一つずつ進めていくという点ではシミュレーションを確実に実行できるが，計算の効率という点からは必ずしもこの方法がよいとはかぎらない。一方，シミュレーション方法としては，$\boldsymbol{X}(t)$ の下で t から $t + \tau$ に時刻を τ だけ進めたときの $\boldsymbol{X}(t + \tau)$ をサンプリングするというアプローチも考えられる。$\boldsymbol{\tau}$–leaping 法（τ–leaping method）では

$$\boldsymbol{X}(t + \tau) \approx \boldsymbol{X}(t) + \sum_{j=1}^{M} \zeta_j Y_1\left(\lambda_j(t)\tau\right) \tag{4.12}$$

という近似に基づいてシミュレーションを行う（アルゴリズム 4.2）。式 (4.12) は，式 (4.8) において，初期条件を時刻 t で与え，区間 $[t, t+\tau)$ で $\lambda_j(\boldsymbol{X}(s)) = \lambda_j(\boldsymbol{X}_s)$ と一定と見なして

$$\int_t^{t+\tau} ds\ \lambda_j\left(\boldsymbol{X}(s)\right) \approx \lambda_j(\boldsymbol{X}_s)\tau$$

とすることに相当している。この方法は，最も基礎的な ODE の数値解法の一つであるオイラー法（Euler method）と形式的に類似している。オイラー法では，ODE $dx/dt = f(x, t)$ に対して

$$\frac{x(t + h) - x(t)}{h} \approx f(x, t)$$

アルゴリズム 4.2 τ–leaping 法

1: $t = t_0$ とし，初期値 $\boldsymbol{X} = \boldsymbol{X}_{t_0}$ を与える。
2: $\lambda_j = \lambda_j(t)$，$\lambda_0 = \lambda_0(t)$ を評価する。
3: τ を評価する。
4: 各 $j = 1, \ldots, M$ に対して，$y_j \sim Y_1\left(\lambda_j(\boldsymbol{X})\tau\right)$ をサンプリングする。
5: $\boldsymbol{X}(t+\tau) \leftarrow \boldsymbol{X}(t) + \sum_j^M \zeta_j y_j$，$t \leftarrow t + \tau$ と更新する。
6: ステップ 2: へ戻る。

という近似に基づいて，$x(t+h) = x(t) + f(x,t)h$ として x を順次計算していく。

τ が小さいとき，シミュレーションの挙動は Gillespie 法に近くなる。一方，τ が大きいとき，Gillespie 法よりも効率的なシミュレーションの実行を期待できるが，τ が大き過ぎればシミュレーションが破綻して意味をなさない結果が得られることもあるため，効率的なシミュレーションを実行しつつ妥当な結果を得るためには，τ を適切に調整する必要がある。

任意の j $(j = 1, \ldots, M)$ に対して

$$|\lambda_j(\boldsymbol{X} + \tau\boldsymbol{\xi}(\boldsymbol{X})) - \lambda_j(\boldsymbol{X})| \leq \epsilon\lambda_0(\boldsymbol{X})$$

となるように τ を決めることを考える。ここで，ϵ は $\epsilon \in [0,1]$ となる定数であり，$\tau\boldsymbol{\xi}(\boldsymbol{X})$ は，$[t, t+\tau)$ の間に生じる $\boldsymbol{X}$ の変化量の期待値

$$E\left[\sum_j^M \zeta_j Y_1\left(\lambda_j(\boldsymbol{X})\tau\right)\right] = \sum_j^M \zeta_j E\left[Y_1\left(\lambda_j(\boldsymbol{X})\tau\right)\right]$$

$$= \tau\sum_j^M \zeta_j \lambda_j(\boldsymbol{X}) = \tau\boldsymbol{\xi}(\boldsymbol{X})$$

である。ただし，$\boldsymbol{\xi}(\boldsymbol{X}) = \sum_j^M \zeta_j \lambda_j(\boldsymbol{X})$ とおいた。テイラー展開より

$$\lambda_j(\boldsymbol{X} + \tau\boldsymbol{\xi}(\boldsymbol{X})) - \lambda_j(\boldsymbol{X}) = \nabla_{\boldsymbol{X}}\lambda_j(\boldsymbol{X})^\top \tau\boldsymbol{\xi}(\boldsymbol{X}) + o(\tau)$$

$$\approx \nabla_{\boldsymbol{X}} \lambda_j(\boldsymbol{X})^\top \tau \boldsymbol{\xi}(\boldsymbol{X}) = \tau \sum_i^M \frac{\partial \lambda_j}{\partial X_i} \xi_i(\boldsymbol{X})$$

であるから，任意の j $(j = 1, \ldots, M)$ に対して

$$\tau \le \frac{\epsilon \lambda_0}{\left| \sum_i^M \dfrac{\partial \lambda_j}{\partial X_i} \xi_i(\boldsymbol{X}) \right|}$$

となればよい。よって

$$\tau = \arg\min_j \frac{\epsilon \lambda_0}{\left| \sum_i^M \dfrac{\partial \lambda_j}{\partial X_i} \xi_i(\boldsymbol{X}) \right|}$$

と決める[14]。その他にも τ の選択方法はいくつか提案されており，改良がつづけられている[15], [16]。

4.4 その他の確率的反応の記述法

4.4.1 化学マスター方程式

式 (4.8) のような記述は，$\boldsymbol{X}(t)$ の実現値である標本経路を捉えるのに適している。一方で，$\boldsymbol{X}(t)$ の確率分布の時間発展の観点から，モデルを記述する方法もある。$P(\boldsymbol{x}, t | \boldsymbol{x}_0, t_0)$ は，$\boldsymbol{X}(t_0) = \boldsymbol{x}_0$ を満たす $\boldsymbol{X}(t) = \boldsymbol{x}$ の確率を表すとする。式 (4.7) で表される反応系を考えると，確率分布の時間発展は微分方程式

$$\frac{\partial P(\boldsymbol{x}, t | \boldsymbol{x}_0, t_0)}{\partial t} = \sum_j^M \left\{ \lambda_j(\boldsymbol{x} - \boldsymbol{\zeta}_j) P(\boldsymbol{x} - \boldsymbol{\zeta}_j, t | \boldsymbol{x}_0, t_0) - \lambda_j(\boldsymbol{x}) P(\boldsymbol{x}, t | \boldsymbol{x}_0, t_0) \right\}$$

$$(4.13)$$

によって記述される。式 (4.13) のような方程式は，**化学マスター方程式**（chemical master equation）と呼ばれている（付録 A.4 参照）。一部のものを除けば，一般には，解析的にも数値的にも化学マスター方程式を解くことは容易ではない。

4.4.2 化学ランジュバン方程式

近似式 (4.12) が成り立つような状況を考える。

$$E\left[Y_1\left(\lambda_j(\boldsymbol{X})\tau\right)\right] = \lambda_j(\boldsymbol{X})\tau \gg 1$$

であるとき，$\mathcal{N}(m, \sigma^2)$ は平均 m, 分散 σ^2 の正規分布を表すとして，$\mathcal{P}_o(\lambda_j(\boldsymbol{X})\tau)$ $\approx \mathcal{N}(\lambda_j(\boldsymbol{X})\tau, \lambda_j(\boldsymbol{X})\tau)$ より

$$\boldsymbol{X}(t+\tau) = \boldsymbol{X}(t) + \sum_{j=1}^{M} \zeta_j Y_\mathcal{N}\left(\lambda_j(\boldsymbol{X})\tau, \lambda_j(\boldsymbol{X})\tau\right) \tag{4.14}$$

としてよい。ただし，$Y_\mathcal{N}\left(\lambda_j(\boldsymbol{X})\tau, \lambda_j(\boldsymbol{X})\tau\right) \sim \mathcal{N}(\lambda_j(\boldsymbol{X})\tau, \lambda_j(\boldsymbol{X})\tau)$ であり，$A \sim p(\cdot)$ は，確率変数 A が分布 $p(\cdot)$ に従うことを表す。

一般に

$$Y_\mathcal{N}\left(m, \sigma^2\right) = m + \sigma Y_\mathcal{N}\left(0, 1\right)$$

であるから，式 (4.14) は

$$\boldsymbol{X}(t+\tau) = \boldsymbol{X}(t) + \tau \sum_{j=1}^{M} \zeta_j \lambda_j(\boldsymbol{X}) + \sqrt{\tau} \sum_{j=1}^{M} \zeta_j \sqrt{\lambda_j(\boldsymbol{X})} Y_\mathcal{N}\left(0, 1\right) \tag{4.15}$$

となる。式 (4.15) を変形し

$$\frac{\boldsymbol{X}(t+\tau) - \boldsymbol{X}(t)}{\tau} = \sum_{j=1}^{M} \zeta_j \lambda_j(\boldsymbol{X}) + \sum_{j=1}^{M} \zeta_j \sqrt{\lambda_j(\boldsymbol{X})} \frac{Y_\mathcal{N}\left(0, 1\right)}{\sqrt{\tau}} \tag{4.16}$$

を得る。$\tau \to 0$ で式 (4.16) は

$$\frac{d\boldsymbol{X}(t)}{dt} = \sum_{j=1}^{M} \zeta_j \lambda_j(\boldsymbol{X}) + \sum_{j=1}^{M} \zeta_j \sqrt{\lambda_j(\boldsymbol{X})} \Gamma_j(t) \tag{4.17}$$

となり，これは**化学ランジュバン方程式**（chemical Langevin equation）[17] と呼ばれている。ここで

$$\Gamma_j(t) = \lim_{\tau \to 0} Y_{\mathcal{N}}\left(0, \frac{1}{\tau}\right)$$

は白色ガウスノイズであり，任意の j, j' および t, t' に対して

$$E\left[\Gamma_j(t)\Gamma_{j'}(t')\right] = \delta(j, j')\delta(t - t')$$

が成り立つ。$\delta(a, b)$ はクロネッカーのデルタ，$\delta(a - b)$ はディラックのデルタ関数である。クロネッカーのデルタは

$$\delta(a, b) = \begin{cases} 1 & (a = b) \\ 0 & (a \neq b) \end{cases}$$

である。

　化学ランジュバン方程式は確率微分方程式の一種であり，分子の個数が少ないときは，ポアソン過程や化学マスター方程式に比べて生化学反応を描写する正確性が劣るが，分子の個数がある程度ある場合には，効率的に妥当なシミュレーション結果が得られることが期待できる。

4.5　数値シミュレーションの例

　二つのより具体的な例で，実際に数値シミュレーションを行った結果を示す。

4.5.1　酵 素 反 応

2.4 節で取り上げた酵素反応の式 (2.21) は，反応の段階を細かく分ければ

$$E + S \xrightarrow{k_1} ES \tag{4.18}$$

$$ES \xrightarrow{k_2} E + S \tag{4.19}$$

$$ES \xrightarrow{k_3} E + P \tag{4.20}$$

と三つの反応から成り立っている。基質 S を第 1 成分 Y_1，酵素 E を第 2 成分

Y_2, 酵素–基質複合体 ES を第 3 成分 Y_3, 生成物 P を第 4 成分 Y_4 として, 反応 (4.18), (4.19), (4.20) をそれぞれ反応 1, 2, 3 と割り振ることにすると

$$
\zeta_1 = \begin{pmatrix} -1 \\ -1 \\ 1 \\ 0 \end{pmatrix}, \quad
\zeta_2 = \begin{pmatrix} 1 \\ 1 \\ -1 \\ 0 \end{pmatrix}, \quad
\zeta_3 = \begin{pmatrix} 0 \\ 1 \\ -1 \\ 1 \end{pmatrix}
$$

である。$k_1 = 1.7 \times 10^{-3}$, $k_2 = 10^{-4}$, $k_3 = 0.1$ として, 初期条件 $Y_1(0) = 301$, $Y_2(0) = 120$, $Y_3(0) = 0$, $Y_4(0) = 0$ と設定して数値シミュレーションを実行した結果が図 **4.1** である。

Gillespie 法も τ–leaping 法も ODE 解に沿った周辺でばらつきをもった軌跡を描いているのがわかる。また, τ–leaping 法では τ を小さな値で実行した場合には, 軌跡の挙動が Gillespie 法に近く (図 **4.2**), τ を大きな値で実行した場合には, 軌跡の挙動が Gillespie 法とは離れて時間解像度的に粗い挙動となっていることがわかる (図 **4.3**)。

4.5.2　遺伝子発現

DNA に保存されている遺伝子情報は, 基本的には, mRNA へと転写された後にタンパク質へと翻訳されて機能することになる。この転写および翻訳の一連の過程では一般にさまざまな分子種が作用して制御がなされるが, ここでは非常に簡単化して G を遺伝子, M を mRNA, P をタンパク質とし

$$
G \xrightarrow{\ k_1\ } G + M \tag{4.21}
$$

$$
M \xrightarrow{\ k_2\ } M + P \tag{4.22}
$$

$$
M \xrightarrow{\ k_3\ } \phi \tag{4.23}
$$

$$
P \xrightarrow{\ k_4\ } \phi \tag{4.24}
$$

とモデル化する。ここに陽に現れない制御に関わる分子種については, 効果を

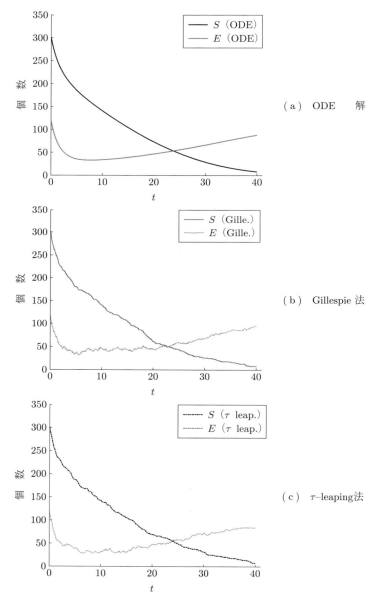

図 **4.1** 酵素反応の各方法による数値シミュレーションの実行結果 ($\tau = 0.2$)

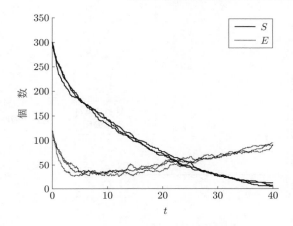

図 4.2 $\tau = 0.03$ としたときの τ–leaping 法の実行結果（$n = 3$）

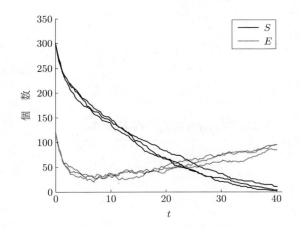

図 4.3 $\tau = 0.3$ としたときの τ–leaping 法の実行結果（$n = 3$）

一定と仮定してパラメータ k_1, k_2 に組み込まれていると考えることもできる。G を第 1 成分 Y_1，M を第 2 成分 Y_2，P を第 3 成分 Y_3 として，反応 (4.21)，(4.22), (4.23), (4.24) をそれぞれ反応 $1, 2, 3, 4$ と割り振ることにすると

$$\zeta_1 = \begin{pmatrix} 0 \\ 1 \\ 0 \end{pmatrix}, \qquad \zeta_2 = \begin{pmatrix} 0 \\ 0 \\ 1 \end{pmatrix}, \qquad \zeta_3 = \begin{pmatrix} 0 \\ -1 \\ 0 \end{pmatrix}, \qquad \zeta_4 = \begin{pmatrix} 0 \\ 0 \\ -1 \end{pmatrix}$$

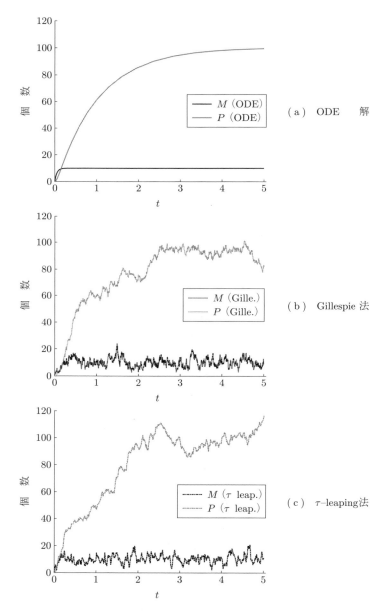

図 **4.4** 遺伝子発現の各方法による数値シミュレーションの実行結果

である。$k_1 = 200$，$k_2 = 10$，$k_3 = 20$，$k_4 = 1$ として，初期条件 $Y_1(0) = 1$，$Y_2(0) = 0$，$Y_3(0) = 0$ と設定して数値シミュレーションを実行した結果が図 **4.4** である。細胞 1 個に含まれる DNA は 1 分子程度と非常に少なく，遺伝子発現にはばらつきが伴うことも少なくない。そのような状況でいかに細胞が制御を行っているかという観点から，いくつかの研究がなされている[18),19)]。

4.6 内因性ノイズと外因性ノイズ

　分子の個数が少ない場合は反応の過程が確率的になる一方，反応の過程そのものではなく，外的環境や系への入力などが確率的に変動しても，生成物などの出力は影響を受けて変動し得る。反応の過程に起因した確率的変動を**内因性ノイズ**（intrinsic noise），外的環境や系への入力などに起因した確率的変動を**外因性ノイズ**（extrinsic noise）という。Elowitz らは，大腸菌のゲノムに，同じ配列をもつプロモーターの制御下に 2 種類の蛍光タンパク質の遺伝子 **CFP**（cyan fluorescent protein）と **YFP**（yellow fluorescent protein）をそれぞれ組み込んだ[18)]。すなわち，CFP と YFP は生物学的に同じ転写制御を受けると仮定することができる。したがって，もし CFP と YFP の転写と翻訳の反応過程に内因性ノイズがなく外因性ノイズのみであれば，CFP と YFP の発現量は散布図上で一直線上に並び，内因性ノイズと外因性ノイズの両方があれば，プロットは 2 次元平面状にばらけることになる。CFP の発現量を C，YFP の発現量を Y で表すと，Elowitz らは内因性ノイズ，外因性ノイズはそれぞれ

$$\eta_{\text{int}}^2 = \frac{\langle (C - Y)^2 \rangle}{2\langle C \rangle \langle Y \rangle} \tag{4.25}$$

$$\eta_{\text{ext}}^2 = \frac{\langle CY \rangle - \langle C \rangle \langle Y \rangle}{\langle C \rangle \langle Y \rangle} \tag{4.26}$$

となり，ノイズの総量が

$$\eta_{\text{tot}}^2 = \eta_{\text{ext}}^2 + \eta_{\text{int}}^2 \tag{4.27}$$

と表されることを示した[20]（付録 A.5 参照）。$\langle \cdot \rangle$ は，細胞集団における平均を表している。

　彼らは実験結果より，内因性ノイズは発現量の増加とともに単調減少する一方，外因性ノイズは発現量の増加に伴い一時的に増加した後に単調減少し，ノイズの総量に占める内因性ノイズの割合は発現量に依存することを示している。

5 パラメータ推定

2章および4章では，主に生化学反応などに基づいてモデルを定式化し，その性質を調べることに重点を置いた。既存の生物学的知見などからモデルを定式化できても，モデルに未知パラメータが含まれていることは多い。本章では，実験データから未知パラメータを推定する方法について述べる。

5.1 順問題と逆問題

初期値 x_0 とパラメータ k をまとめて $\theta = \{x_0, k\}$ と表して，θ と入力 s によって振舞いが定まる ODE モデル

$$\frac{dx}{dt} = f(t, x; \theta, s) \tag{5.1}$$

を考える。入力 $s(t)$ が与えられた下で θ が決まれば，$x(t)$ は一意に定まるので，初期値 x_0 もパラメータと見なすことにしよう。

例えば，パラメータ k は生化学反応モデルでの反応速度定数などに相当し，入力 s は細胞や組織などに影響を与えるホルモンなど外的環境変化による刺激が想定され，時間的に変化する場合は時間依存の関数 $s = s(t)$ と見なせる。ODE モデルの式 (5.1) がひとたび与えられれば，解析的，もしくは数値的に式 (5.1) を解くことで，入力 s を変化させたときの x の振舞いやモデルのもつ性質を調べることが可能である。また，目的の現象をよく記述する信頼性の高いモデルであれば，予測に用いることも考えられる。実験により x を $t = t_i$ で測定した値を $y(t_i)$ と表すことにすると，データ $\mathcal{D} = \{y(t_1), \ldots, y(t_n)\}$ が得られてい

るが，パラメータ $\boldsymbol{\theta}$ が未知であるということがある。対象とする系が生化学反応であれば，文献から主に試験管内での反応を基にした $\boldsymbol{k}$ の値が得られてモデルに代入することや，初期値 $\boldsymbol{x}_0$ が測定によって得られることもあるが，実験条件の違いや測定精度の問題などから必ずしもそのようにして得られた値が系をうまく表現できるとはかぎらない。データ $\mathcal{D}$ は実際に対象としているシステムから得られているのだから，データ $\mathcal{D}$ からパラメータ $\boldsymbol{\theta}$ をなんらかの方法で推定したほうがシステムをうまく表現できると考えられる。

　モデルが与えられたときに，モデルの性質や $\boldsymbol{x}$ の振舞いなどを調べる問題は**順問題**（forward problem），データ $\mathcal{D}$ から未知パラメータ $\boldsymbol{\theta}$ を推定する問題は**逆問題**（inverse problem）に相当する。より一般的には，原因が与えられたときに結果を推定することを順問題，結果が与えられたときに原因を推定することを逆問題として，入出力のあるモデルで入力を原因，出力を結果と見立てることが多い。この場合，なにを入力としなにを出力として設定するかが順問題と逆問題を決めることになる。式 (5.1) のモデルの例でも，パラメータ $\boldsymbol{\theta}$ が既知で入力 $\boldsymbol{s}$ を未知として，データ $\mathcal{D}$ を用いて未知の入力 $\boldsymbol{s}$ を推定することを逆問題として設定することもできる。さらに，パラメータ $\boldsymbol{\theta}$ と入力 $\boldsymbol{s}$ の両方を未知とした逆問題を設定することもできる。1.3.2 項で取り上げた血糖値の制御は，その一例である。しかし，入力 $\boldsymbol{s}$ は関数なのでパラメータ $\boldsymbol{\theta}$ と比べて推定は難しくなるため，本書においてこれ以上は議論の対象としないことにする。ここでは，入力 $\boldsymbol{s}$ の下で測定されたデータ $\mathcal{D}$ が与えられたとき，パラメータ $\boldsymbol{\theta}$ を推定することを逆問題として設定し，パラメータ $\boldsymbol{\theta}$ の推定方法について述べる。

5.2　最小2乗法によるパラメータの推定

　一つの入力だけでなく複数の入力に対して $\boldsymbol{x}$ を測定してデータを取得する場合を想定して，入力 s_j の下で $\boldsymbol{x}$ を $t = t_i$ で測定した値を $\boldsymbol{y}(t_i, s_j)$ と表すことにする。$j = \{1, \ldots, n_s\}$ として，測定点 t_i $(i = \{1, \ldots, n\})$ は s_j によらずこ

こでは同じであるとする。すなわち，$\mathcal{D} = \{\boldsymbol{y}(t_i, s_j)\}_{i,j}$ である。

5.2.1 最 小 2 乗 法

パラメータ $\boldsymbol{\theta}$ の決め方として，$\boldsymbol{x}$ ができるだけ実験結果をよく再現するように決めるというのは，一つの自然な考え方であろう。$\boldsymbol{x}$ は，パラメータ $\boldsymbol{\theta}$ と入力 $\boldsymbol{s}$ が与えられた下で一意に定まるので，ある入力 $\boldsymbol{s}_j$ の下での $t = t_i$ の $\boldsymbol{x}$ を $\boldsymbol{x}(t_i, s_j, \boldsymbol{\theta})$ と表すことにすると，測定値と $\boldsymbol{x}$ との誤差は

$$\boldsymbol{E}_{i,j}(\boldsymbol{\theta}) \equiv \boldsymbol{y}(t_i, s_j) - \boldsymbol{x}(t_i, s_j, \boldsymbol{\theta})$$

である。誤差全体が小さくなるようにパラメータ $\boldsymbol{\theta}$ を決めたいが，誤差は一般に正負両方の値をとり得るので，誤差を 2 乗した総和

$$E(\boldsymbol{\theta}) = \sum_{i,j} \|\boldsymbol{E}_{i,j}(\boldsymbol{\theta})\|_2^2 = \sum_{i,j} \|\boldsymbol{y}(t_i, s_j) - \boldsymbol{x}(t_i, s_j, \boldsymbol{\theta})\|_2^2 \qquad (5.2)$$

を最小にするようにパラメータ $\boldsymbol{\theta}$ を決めるのが，一つの自然な指標である。$\|\cdot\|_2$ は，L^2 ノルム，またはユークリッド距離を表している。誤差 $\boldsymbol{E}_{i,j}(\boldsymbol{\theta})$ は残差 (residual) とも呼ばれるので，$E(\boldsymbol{\theta})$ は**残差平方和**（residual sum of squares；**RSS**）などと呼ばれる。

このように，残差平方和 $E(\boldsymbol{\theta})$ が最小になるようにパラメータ $\boldsymbol{\theta}$ を決める方法は，**最小 2 乗法**（least squares method）と呼ばれる。最小 2 乗法を改めて式で記せば

$$\boldsymbol{\theta}^* = \arg\min_{\boldsymbol{\theta}} E(\boldsymbol{\theta}) \qquad (5.3)$$

となり，$E(\boldsymbol{\theta})$ の最小値 $\boldsymbol{\theta}^*$ をパラメータ $\boldsymbol{\theta}$ の推定値として求める最小化問題として記述される。$E(\boldsymbol{\theta})$ は，パラメータ $\boldsymbol{\theta}$ の良し悪しを決める関数という点から，より一般には**評価関数**（evaluation function），**目的関数**（objective function）や**コスト関数**（cost function）などと呼ばれ，ここでは評価関数に残差平方和を用いたということになる。

5.2.2 進化的プログラミング

$E(\boldsymbol{\theta})$ の最小値 $\boldsymbol{\theta}^*$ は数値的に評価する必要があるが，一般に $E(\boldsymbol{\theta})$ は凸関数ではなく，局所的最小解をもつ複雑な形状となることが多い。$\boldsymbol{\theta}^*$ を探す単純な方法として，**グリッドサーチ**（grid search）がある。グリッドサーチでは，$\boldsymbol{\theta}$ の解の候補となる空間をグリッド状に細かく切り，グリッドの頂点を網羅的に探索する。計算機の処理能力に依存するが，$\boldsymbol{\theta}$ の次元数が 3 程度以下であれば，$\boldsymbol{\theta}^*$ にかなり近い値が得られる。しかし，パラメータ $\boldsymbol{\theta}$ の次元数が増えるのに従って探索する空間は指数的に広がるため，次元数の高いパラメータ $\boldsymbol{\theta}$ への適用は難しい。一般に，局所的最小解が複数ある高次元のパラメータ空間を探索して $\boldsymbol{\theta}^*$ のような大域的最小解を得ることは難しく，問題に特別な設定があるような場合などを除けば，大域的最小解が得られる保証がある方法は現状では存在しない。そのため，パラメータ空間を効率的に探索できるように方法を工夫しつつ，利用可能な計算資源の範囲でできるだけ $\boldsymbol{\theta}^*$ に近い $\boldsymbol{\theta}$ を得て近似解[†]とする方針をとるのが現実的である。

最小化問題 (5.3) に適用可能な手法の一つに，**進化的プログラミング**（evolutionary programming：**EP**）[21] がある（アルゴリズム 5.1）。EP では，解の候補を個体に見立て，生存環境に適した個体が生き残り，適していない個体

アルゴリズム 5.1   進化的プログラミング

1: 乱数を初期値として，N 個の個体（解の候補）を生成する。
2: 個体のそれぞれのコピーをつくる。
3: ステップ 2:でつくった各コピーに正規乱数を加える（変異）。
4: ステップ 3:の操作でつくられた新しい N 個の個体と，元の N 個の個体を混ぜた $2N$ 個の各個体に対してスコアを求める。スコアは以下のように決める。
   4a: スコアを決める対象の個体を除いて，$2N$ 個体の集団から無作為に q 個体を選ぶ。
   4b: 選んだ q 個体のうち，スコアを決める対象の個体より評価関数の値（RSS など）が悪い個体（最小 2 乗法の場合は，対象の個体より RSS の値が大きい個体）の数をその個体のスコアとする。
5: スコアの降順で個体をソートする。
6: 下位 N 個の個体を削除する（淘汰）。
7: 終了条件を満たすまで，ステップ 2:〜6:（1 世代に相当）の操作を繰り返す。
8: 残った中で最も評価関数の値がよい個体を解とする。

[†]　一般には，得られた解が大域的最小解であるかないかの確認も困難である。

が淘汰されるという生物の進化を模して，評価関数の値に応じて解の候補の生成と消去を繰り返して解の探索を行う方法である。同様に生物の進化を模した最適化手法はいくつかあるが，EP は親の個体が子の個体を生成するにおいて，主に突然変異に頼っている点が特徴である。解の探索には乱数を用いているため，同じシードの疑似乱数などを用いないかぎりは，実行結果は毎回異なる可能性があるが，経験的に，十分な探索が行われていれば毎回同じような近似解が得られる可能性は高くなる。

EP は，メタヒューリスティックな最適化手法の一つであり，最小 2 乗法だけでなく，実数値をとるより一般的な評価関数 $E(\boldsymbol{\theta})$ の最適化問題にも適用できる。

5.2.3 勾 配 法

勾配法（gradient method）は，評価関数の勾配に関する情報を用いて解の探索を行う方法である。例えば評価関数 $E(\boldsymbol{\theta})$ が凸関数，すなわち一つの谷であれば，勾配の下がっている方向に降りていけば谷底である最小値 $\boldsymbol{\theta}^*$ にたどり着くことができる。数学的には，$\|\boldsymbol{d}\| = 1$，$\alpha \in \Re > 0$ として

$$E(\boldsymbol{\theta} + \alpha\boldsymbol{d}) \approx E(\boldsymbol{\theta}) + \alpha\nabla E(\boldsymbol{\theta})^\top \boldsymbol{d}$$

であるので，方向微分係数 $\nabla E(\boldsymbol{\theta})^\top \boldsymbol{d}$ が負となるように $\boldsymbol{d}$ の方向を選んで，$\boldsymbol{\theta}^{i+1} = \boldsymbol{\theta}^i + \alpha\boldsymbol{d}$ とパラメータ $\boldsymbol{\theta}$ を更新すれば，評価関数 $E(\boldsymbol{\theta})$ は減少する。$\nabla E(\boldsymbol{\theta})$ は勾配ベクトルで，一般に

$$\nabla f(\boldsymbol{x}) = \left(\frac{\partial f}{\partial x_1}, \ldots, \frac{\partial f}{\partial x_N}\right)^\top \in \Re^N$$

である。α は $\boldsymbol{d}$ の方向に進む量を決める歩幅のようなものであり，小さ過ぎれば解に到達するまでの更新回数が増えて計算量が増大し，大き過ぎれば谷底を越えて評価関数 $E(\boldsymbol{\theta})$ が減少せず収束に至らないということもあり得るため，実際には α は適切に調節される必要がある。

勾配ベクトル $\nabla E(\boldsymbol{\theta})$ と $\boldsymbol{d}$ のなす角を ϕ ($0 \leq \phi \leq \pi$) とすれば,方向微分係数

$$\nabla E(\boldsymbol{\theta})^\top \boldsymbol{d} = \|\nabla E(\boldsymbol{\theta})\| \cos \phi$$

が最小になるのは $\phi = \pi$ のときで,このとき $\boldsymbol{d} = -\nabla E(\boldsymbol{\theta})/\|\nabla E(\boldsymbol{\theta})\|$ であり,最も評価関数 $E(\boldsymbol{\theta})$ を減少させる方向になるため,$-\nabla E(\boldsymbol{\theta})$ 方向にパラメータを更新する方法は,**最急降下法**(steepest descent method)と呼ばれている。最急降下法は勾配法を理解する上で重要な最も基本的な方法であるが,実際には収束が遅いため実用上はより効率的な勾配法が用いられることが多い。勾配法については多くの手法が開発されており,一般的な良書が多くあるため,より詳細な理解を求める読者はそちらを参照してほしい[22]。

　一般に,確率的な探索である EP のような手法に比べて勾配法はより効率的に近傍の局所的最適解に収束する。しかし,勾配法は勾配の情報に基づいて解の探索を行うため,基本的には,初期値近傍の谷にある局所的最適解に収束して大域的な探索を行えない。対して,確率的な探索である EP のような手法は,(近似的な意味で)大域的な探索が可能である。そのため,両者の長所を生かす方法の一つとして,単純ではあるが,EP による探索後に EP によって得られた解を初期値として勾配法を用い,さらに最適化を行うという方法は有効である。

5.2.4　人工モデルの例:最小 2 乗法

　最小 2 乗法を用いて,実際にパラメータを推定してみよう。2 章で取り上げた式 (2.13) で表される簡単な逐次反応の系を例に,パラメータを推定することを考える。簡単のために,入力 $\boldsymbol{s}$ がない系を対象とするがここでの議論の本質は同じである。ODE を再掲すると

$$\frac{d[S]}{dt} = -k_1[S]$$

$$\frac{d[A]}{dt} = k_1[S] - k_2[A]$$

$$\frac{d[P]}{dt} = k_2[A]$$

である。式 (5.1) との対応では，$\boldsymbol{x} = ([S], [A], [P])^\top$，$\boldsymbol{k} = (k_1, k_2)^\top$ である。さらに問題を簡単にするために，初期値を既知として $\boldsymbol{x}_0 = (1, 0, 0)^\top$ を与えることにする。

$\boldsymbol{x}$ は式 (2.13) に従うが，通常は実験によって測定した値は多少なりともノイズの影響を受ける。そのため，$\boldsymbol{x}$ の値がそのまま得られるということは稀であり，測定の過程において $\boldsymbol{x}$ に加法的にノイズが入り

$$\boldsymbol{y}(t_i) = \boldsymbol{x}(t_i) + \boldsymbol{\epsilon} \tag{5.4}$$

とデータが得られると考えることにする†。$\boldsymbol{\epsilon}$ は測定ノイズまたは観測ノイズなどと呼ばれ，ここでは測定される時間 t_i とは関係なく，独立にガウス分布 $\mathcal{N}(\boldsymbol{0}, \sigma^2 \boldsymbol{I})$ から生成されるとする。このような観測ノイズが同一のガウス分布に従って独立に加法的に加わるような仮定は，基本的な設定としてよく一般に用いられている。

いま，具体的にパラメータ $k_1 = 0.6$，$k_2 = 0.5$ をもつ正解（真の）モデル，測定ノイズの強さ $\sigma^2 = 0.05$ を与えて，$n = 10$ でデータ $\mathcal{D}$ を生成する（**図 5.1** の白抜き丸点）。系が ODE モデル式 (2.13) に従うと考えられるが，パラメータ $\boldsymbol{k}$ が未知である場合を想定する。正解モデルから生成したデータに対して最小 2 乗法を EP と勾配法によって実行し，パラメータ $\boldsymbol{k}$ の推定を行い，$k_1 = 0.592$，$k_2 = 0.526$ を得た。勾配法による EP で得られた最小解からの RSS の改善は，約 0.0014 であった。データは測定ノイズの影響を受けてばらつきがあるもののパラメータ推定の結果，正解モデルに近い曲線が得られていることがわかる（図 5.1 の点線，$[S]$ と $[P]$ の正解モデルと推定モデルの曲線はほぼ重なっている）。EP では，個体数を 10，世代数を 100 に設定しており，各世代で RSS が最小となる解の RSS の推移は**図 5.2** であり，全個体における RSS の平均値の推移は**図 5.3** のようになる。必ずしも解が逐次的に改善されていくとはかぎらず，RSS があまり減少しない平らな部分を経て，解が急激に改善されているのがわかる。これは，一見では RSS がほとんど減少せずに解の改善がなされてい

---

† $\boldsymbol{x}(t)$ をノイズの影響を受ける前の真の値，$\boldsymbol{\theta}$ に依存する $\boldsymbol{x}(t, \boldsymbol{\theta})$ はその推定値を表す。

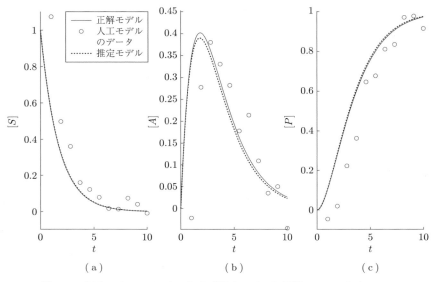

図 5.1　人工モデルのデータ，および推定モデルと正解モデルによる ODE
シミュレーション結果の比較

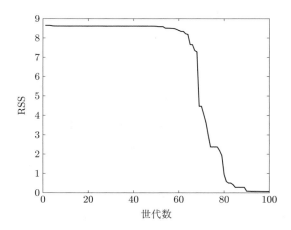

図 5.2　EP による RSS が最小値をとる個体の推移

ないように見えても，実際には解の探索がつづいており，解が改善される可能
性があることを示している。一般に，EP では評価関数値がどのように推移す
るかは不明であり，前述のような振舞いをすることもあって，評価関数値の推

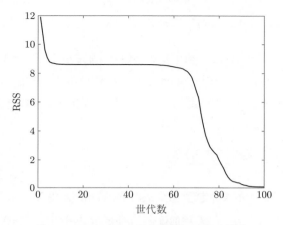

図 5.3 EP による全個体の平均 RSS の推移

移から収束を判定するのは難しい。そのため，実用上は計算時間との兼合いも考慮して，十分な探索が行われたと考えられるところで解の探索を打ち切ることが多い。

この例では，初期値を既知として与えているが，実際上は正確な初期値が不明な場合は少なからずある。そのような場合には，パラメータ k と同様に，初期値 x_0 を推定の対象とすることができる。また，システムの初期状態が定常状態を仮定できる場合には，$dx/dt = 0$ を満たすようなパラメータを与えるか，もしくは十分に長い間シミュレーションを行うことにより定常状態を実現して，初期状態とすればよい。

5.3 ベイズ推定によるパラメータの推定

5.3.1 ベイズ推定

いま，説明上簡単のため便宜的に X と Y は離散確率変数とするが，確率変数が連続値をとる場合には，形式的に和を積分に置き換え，確率を確率密度に読み換えても議論は成立する。

X と Y の**結合確率**（joint probability）は

$$p(X, Y) = p(X|Y)p(Y) = p(Y|X)p(X) \tag{5.5}$$

のように，Y が与えられたときの X の条件付き確率 $p(X|Y)$ と Y の確率 $p(Y)$ の積で表せ，同様に，X が与えられたときの Y の条件付き確率 $p(Y|X)$ と X の確率 $p(X)$ の積で表せる。式 (5.5) の 1 番目の右辺と 2 番目の右辺において，両式を $p(Y)$ で割れば

$$p(X|Y) = \frac{p(Y|X)p(X)}{p(Y)} \tag{5.6}$$

となり，形式的にベイズの定理（Bayes' theorem）が得られる。

ベイズの定理では，$p(X)$ を**事前確率**（prior probability），$p(X|Y)$ を**事後確率**（posterior probability）と呼ぶ。$p(Y|X)$ は X が与えられた下での Y が発生する確率を表しており条件付き確率と呼ばれるが，Y を観測した後ではもはや確率ではなくなるため，X の**尤度**（likelihood）と呼ばれる†。$p(Y)$ は，結合確率の**周辺化**（marginalization）

$$p(Y) = \sum_X p(Y|X)p(X) \tag{5.7}$$

によって得られるので，事後確率 $p(X|Y)$ は，尤度 $p(Y|X)$ と事前確率 $p(X)$ が与えられれば，手続き上は求めることができる。ここで，$\sum_X$ は X の定義域すべてで和をとることを意味する。尤度 $p(Y|X)$ は，Y の実現値がデータとして得られたときの X の尤もらしさ，事前確率 $p(X)$ はデータが得られる前の X に関する事前知識を表している。事後確率は，データが得られた後の X の確率を表している。確率 $p(X)$ は X についての確信の度合い，すなわち確信度と考えれば，ベイズの定理は，データが得られる前の X の確信度 $p(X)$ から Y のデータが得られた後の X の確信度 $p(X|Y)$ を与え，データを得たことによって X の確信度が $p(X)$ から $p(X|Y)$ へと変わった結果を与えていると解釈できる。

---

† Y がデータとして観測された後ではもはや確率ではないことから，X に関する関数と見なすことになる。X については正規化されていないので，確率とは見なせないことに注意する。

ベイズの定理を式 (5.1) のパラメータ $\boldsymbol{\theta}$ の推定に適用すれば

$$p(\boldsymbol{\theta}|\mathcal{D}) = \frac{p(\mathcal{D}|\boldsymbol{\theta})p(\boldsymbol{\theta})}{p(\mathcal{D})} \tag{5.8}$$

となる。このようにベイズの定理に基づいてパラメータを推定する方法は，**ベイズ推定**と呼ばれる。最小2乗法が $\boldsymbol{\theta}$ を点として推定しているのに対して，ベイズ推定では $\boldsymbol{\theta}$ を分布として推定している点で，パラメータ推定の方針は両者で大きく異なっている。

5.3.2 ベイズ推定によるパラメータの推定

最小2乗法のときと同様に，式 (5.1) の ODE モデルに対して，パラメータ推定を行うことを考える。式 (5.4) で与えたように，測定ノイズは独立に足されて，同一のガウス分布 $\mathcal{N}(\boldsymbol{0}, \sigma^2 \boldsymbol{I})$ に従うとすると，尤度は

$$\begin{aligned}
p(\mathcal{D}|\boldsymbol{\theta}) &= \prod_{i,j} p(\boldsymbol{y}(t_i, s_j)|\boldsymbol{\theta}) \\
&\propto \prod_{i,j} \exp\left[-\frac{1}{2\sigma^2} \|\boldsymbol{y}(t_i, s_j) - \boldsymbol{x}(t_i, s_j, \boldsymbol{\theta})\|_2^2\right] \\
&\propto \exp\left[-\frac{1}{2\sigma^2} \sum_{i,j} \|\boldsymbol{y}(t_i, s_j) - \boldsymbol{x}(t_i, s_j, \boldsymbol{\theta})\|_2^2\right] \\
&\propto \exp\left[-\frac{E(\boldsymbol{\theta})}{2\sigma^2}\right]
\end{aligned} \tag{5.9}$$

である。$\boldsymbol{\theta}$ に関する事前知識をもたず，$\boldsymbol{\theta} \propto$ 定数 とすると，事後分布は

$$p(\boldsymbol{\theta}|\mathcal{D}) = \frac{1}{p(\mathcal{D})} \exp\left[-\frac{E(\boldsymbol{\theta})}{2\sigma^2}\right]$$

となる。事前確率を定数とおくことは，厳密には事前確率は分布としての要請を満たしていないことになるが，便宜的にはよく用いられている。$p(\mathcal{D})$ は周辺分布であるが，データ $\mathcal{D}$ が与えられた後では正規化定数と見なせ

$$p(\mathcal{D}) = \int_{\boldsymbol{\theta}} d\boldsymbol{\theta} \, \exp\left[-\frac{E(\boldsymbol{\theta})}{2\sigma^2}\right]$$

であるが，$p(\mathcal{D})$ を解析的に評価することは一般に難しい。また，$\boldsymbol{\theta}$ が高次元の場合には，次元数に応じて指数的に積分範囲の空間が広がるため，数値的に積分を実行することも簡単ではない。特に，$\boldsymbol{x}(t_i, s_j, \boldsymbol{\theta})$ の評価に ODE を数値的に解く必要がある場合は，一点ごとの評価にも時間が非常にかかってしまうことも少なくない。そのため，実用上は事後分布を直接得ることを回避して，5.3.4 項で述べるようなモンテカルロ法を用いて事後分布からのサンプリングを行うことで，事後分布を評価するのが一般的である。

また，ここでは簡単のため測定ノイズの分散 σ^2 を固定しているが，パラメータ $\boldsymbol{\theta}$ に含めて推定することも可能である。

5.3.3 最小 2 乗法との関係

式 (5.9) において，負の対数尤度

$$-\log p(\mathcal{D}|\boldsymbol{\theta}) = \frac{1}{2\sigma^2} E(\boldsymbol{\theta}) - \log(定数)$$

であるから，$\boldsymbol{\theta}$ に関して，尤度の最大化問題と $E(\boldsymbol{\theta})$ の最小化問題は，本質的に同じ問題であることがわかる。尤度を最大化するようにパラメータを推定する方法を**最尤法**（maximum liklihood method）といい，測定ノイズがガウス分布に従って独立に同一の分布から生成される仮定の下で，最小 2 乗法は最尤法と本質的に同じであることがわかる。

式 (5.8) の事後分布において，事後確率を最大にするように

$$\boldsymbol{\theta}^*_{\mathrm{MAP}} = \arg \max_{\boldsymbol{\theta}} \{\log p(\mathcal{D}|\boldsymbol{\theta}) + \log p(\boldsymbol{\theta})\}$$

とパラメータ $\boldsymbol{\theta}$ を推定する方法は，**事後確率最大化**（maximum a posteriori；**MAP**）**法**と呼ばれている。これは，対数尤度 $\log p(\mathcal{D}|\boldsymbol{\theta})$ の最大化において，罰則項 $\log p(\boldsymbol{\theta})$ を加えたものと見なすこともできるので，罰則付き最尤推定法と呼ばれることもある。事前確率に相当する罰則項には，L^2 ノルムの 2 乗 $\|\boldsymbol{\theta}\|_2^2$ などが用いられ，後述する過適合などを防ぐ効果がある（5.4 節，6.1 節参照）。罰則項を定数にすると，これは形式的に最尤推定と同じになる。したがって，最

小2乗法は，測定ノイズがガウス分布に従って独立に同一の分布から生成されると仮定して，事前確率を定数とおいて事後確率が最大となるパラメータ $\boldsymbol{\theta}$ を求めていることに相当する。

5.3.4 メトロポリス・ヘイスティングスアルゴリズム

マルコフ連鎖モンテカルロ法（Markov chain Monte Carlo methods）では，所望の事後分布を実現するようなマルコフ連鎖を構成することで，事後分布に従うパラメータ $\boldsymbol{\theta}$ の系列のサンプリングを可能にする。**メトロポリス・ヘイスティングス**（Metropolis–Hastings；**MH**）**アルゴリズム**は，マルコフ連鎖モンテカルロ法の一種で基本となるものであり，広く応用できる方法である。

アルゴリズム内の更新ステップ数が i ステップのときに，サンプリングされたパラメータを $\boldsymbol{\theta}^i$ とする。$\boldsymbol{\theta}^i = \boldsymbol{\theta}$ の状態であるときに，$\boldsymbol{\theta}^{i+1}$ の候補が $\boldsymbol{\theta}'$ に選ばれる確率を $Q(\boldsymbol{\theta}, \boldsymbol{\theta}')$ とする。$Q(\boldsymbol{\theta}, \boldsymbol{\theta}')$ から $\boldsymbol{\theta}^{i+1}$ の候補 $\boldsymbol{\theta}'$ をサンプリングして，確率

$$A(\boldsymbol{\theta}, \boldsymbol{\theta}') = \begin{cases} \dfrac{Q(\boldsymbol{\theta}', \boldsymbol{\theta})p(\boldsymbol{\theta}'|\mathcal{D})}{Q(\boldsymbol{\theta}, \boldsymbol{\theta}')p(\boldsymbol{\theta}|\mathcal{D})} & (Q(\boldsymbol{\theta}, \boldsymbol{\theta}')p(\boldsymbol{\theta}|\mathcal{D}) > 0) \\ 1 & (Q(\boldsymbol{\theta}, \boldsymbol{\theta}')p(\boldsymbol{\theta}|\mathcal{D}) = 0) \end{cases} \tag{5.10}$$

で，$\boldsymbol{\theta}^{i+1} = \boldsymbol{\theta}'$ と受理する。受理せずに棄却する場合は，$\boldsymbol{\theta}^{i+1} = \boldsymbol{\theta}$ として，元の状態に留まる。MH アルゴリズムでは，これら一連の過程を十分に繰り返すことでマルコフ連鎖が定常分布に収束し，十分大きな n に対してパラメータの系列 $\{\boldsymbol{\theta}^i\}$ $(i > n)$ が事後分布 $p(\boldsymbol{\theta}|\mathcal{D})$ からのサンプリングとなる。式 (5.10) において，$\pi(\boldsymbol{\theta}) = p(\mathcal{D}|\boldsymbol{\theta})p(\boldsymbol{\theta})$ と表すことにすると，事後分布に共通する分母 $p(\mathcal{D})$ がキャンセルされて

$$\frac{Q(\boldsymbol{\theta}', \boldsymbol{\theta})p(\boldsymbol{\theta}'|\mathcal{D})}{Q(\boldsymbol{\theta}, \boldsymbol{\theta}')p(\boldsymbol{\theta}|\mathcal{D})} = \frac{Q(\boldsymbol{\theta}', \boldsymbol{\theta})\pi(\boldsymbol{\theta}')}{Q(\boldsymbol{\theta}, \boldsymbol{\theta}')\pi(\boldsymbol{\theta})} \tag{5.11}$$

となり，$p(\mathcal{D})$ に依存しない形になることがわかる。

$Q(\boldsymbol{\theta}, \boldsymbol{\theta}')$ は**提案分布**と呼ばれ，定常分布が存在して所望の事後分布となるための条件を満たす範囲で自由に設定できる。**酔歩連鎖**（random walk chain）

MH アルゴリズムでは，ある分布 $f(\Delta)$ に従う確率変数 Δ を用いて，候補を $\boldsymbol{\theta}' = \boldsymbol{\theta} + \Delta$ と生成し，このとき提案分布は $Q(\boldsymbol{\theta}, \boldsymbol{\theta}') = f(\boldsymbol{\theta}' - \boldsymbol{\theta})$ となる。分布 $f(\Delta)$ は，正規分布や t 分布，一様分布などが用いられる。この方法は，広い範囲のモデルに適用できる利便性の高い方法であるが，提案分布を構成する確率密度分布 $f(\Delta)$ に含まれる調節パラメータの調整が必要なことが多いという側面もある。

分布 $f(\Delta)$ に正規分布を選ぶなどして，提案分布が対称 $Q(\boldsymbol{\theta}, \boldsymbol{\theta}') = Q(\boldsymbol{\theta}', \boldsymbol{\theta})$ になれば，式 (5.11) はさらに簡単に

$$\frac{Q(\boldsymbol{\theta}', \boldsymbol{\theta})p(\boldsymbol{\theta}'|\mathcal{D})}{Q(\boldsymbol{\theta}, \boldsymbol{\theta}')p(\boldsymbol{\theta}|\mathcal{D})} = \frac{\pi(\boldsymbol{\theta}')}{\pi(\boldsymbol{\theta})} \tag{5.12}$$

となる。

$\boldsymbol{\theta}$ は，ベクトルとして更新する形で表記しているが，実用上は，ベクトルごと全成分を更新してもよいし，1 成分ごとに更新してもかまわず，やり方には自由度がある。酔歩連鎖 MH アルゴリズムを，**アルゴリズム 5.2** にまとめておく。

アルゴリズム 5.2　　酔歩連鎖 MH アルゴリズム

1: $i = 0$ とし，初期値 $\boldsymbol{\theta}^0$ を与える。
2: 分布 $f(\Delta)$ から Δ をサンプリングし，$\boldsymbol{\theta}' = \boldsymbol{\theta} + \Delta$ とする。
3: 一様分布 $[0, 1)$ から乱数 r を発生させる。
4: $\pi(\boldsymbol{\theta}) \neq 0$ のとき，$\min\left(1, \dfrac{Q(\boldsymbol{\theta}', \boldsymbol{\theta})\pi(\boldsymbol{\theta}')}{Q(\boldsymbol{\theta}, \boldsymbol{\theta}')\pi(\boldsymbol{\theta})}\right) > r$ なら，$\boldsymbol{\theta}^{i+1} = \boldsymbol{\theta}'$。それ以外なら，
$\boldsymbol{\theta}^{i+1} = \boldsymbol{\theta}$。$\pi(\boldsymbol{\theta}) = 0$ のとき，$\boldsymbol{\theta}^{i+1} = \boldsymbol{\theta}'$。
5: $i \leftarrow i + 1$ として，ステップ 2: へ戻る。

実際の適用にあたっては，定常分布への収束を判定する必要が生じる。収束の判定方法については研究がつづけられているが，いまのところは決定的な判定方法がないのが実情である。定常分布への収束前の初期値に依存するサンプリング期間は，**稼働検査期間**（burn–in period）と呼ばれる。サンプリングの過程を追った標本経路を見て，初期値から安定するまでの不安定な期間を稼働検査期間と見なし，その間のサンプルを棄て，安定した部分のみを定常分布，すなわち事後分布からのサンプルと見なすという方法は，原始的ではあるが基本

として判断に用いられる。より客観的な方法として，サンプル系列の前半と後半でのサンプル平均の統計的な同一性について仮説検定を行い，収束を判定する方法などがある[23]。また，サンプル系列の自己相関関数は，サンプリングの効率性を表す指標として用いられる。自己相関関数の減衰が遅いほど，サンプリングが非効率的で定常分布への収束は遅くなる。

5.3.5 人工モデルの例：ベイズ推定

5.2.4 項の人工モデルで作成した同じデータセット（図 5.1）に対して，同様の問題設定で最小 2 乗法に代えてベイズ推定によって事後分布 $p(\boldsymbol{k}|\mathcal{D})$ を推定する。酔歩連鎖 MH アルゴリズムで Δ を正規分布 $\mathcal{N}(0, 1.2)$ から生成して提案分布 $Q(\boldsymbol{k}, \boldsymbol{k}')$ を構成し，簡単のため測定ノイズの強さ σ^2 は既知として固定する。一般に提案分布の調節は重要だが，必ずしも容易ではない。ここでの例では，Δ が従う正規分布の分散 σ_Δ^2 をどのように設定するかということに相当する。受理率を一つの目安として試行錯誤を経て決められることが多く，経験的に 25〜50％程度に決められていることが多いようである。事後分布が 1 次元の正規分布の場合には，MH アルゴリズムの効率性の点から最適となる受理率が 44％，高次元の場合には，次元数の増加とともに 23.4％に漸近することが示されており[24],[25]，事後分布が正規分布に近いと期待できるような状況では参考になる。

パラメータの各成分 k_1 と k_2 を交互に更新する形でそれぞれ 5 000 回のサンプリングを行い，定常分布に達していると考えられる 2 501 ステップ数以降にサンプリングされたパラメータ $\boldsymbol{k}$ を用いて評価を行った（**図 5.4**，事後確率密度の高いところほど点の色を濃くしてある）。図は，事後確率が高い点ほどマーカーの色が濃くなっている。サンプル経路を見ると，初期値から最初の 1 000 ステップ程度までは初期値依存性が見られるが，その後，挙動は安定しているように見える（**図 5.5**，**図 5.6**）。サンプリングにより得られた事後確率最大となるパラメータは，$k_1 = 0.590$，$k_2 = 0.527$ であり，このパラメータが与える ODE シミュレーション結果は，正解モデルに近いことがわかる（**図 5.7**，$[S]$

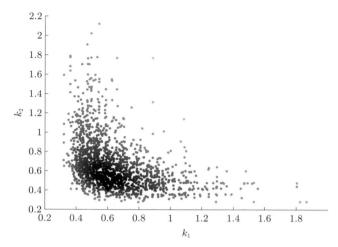

図 **5.4** パラメータ $\boldsymbol{k}$ の散布図

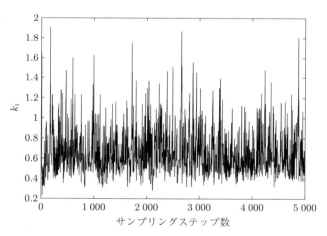

図 **5.5** パラメータ第 1 成分 k_1 のサンプル経路

と $[P]$ の正解モデルと推定モデルの曲線はほぼ重なっている)。

　ベイズ推定を用いることの利点の一つは，事後分布からパラメータの信頼性が評価できることである。図 **5.8** は，酔歩 MH 法によって得られたサンプルに対して，カーネル密度推定法（7.3.3 項参照）を適用して得られた事後分布 $p(\boldsymbol{k}|\mathcal{D})$

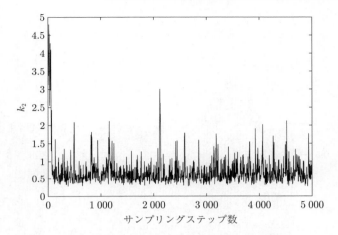

図 5.6 パラメータ第 2 成分 k_2 のサンプル経路

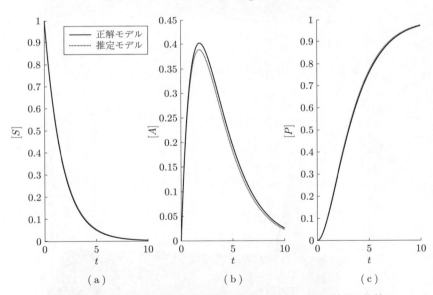

図 5.7 推定モデルと正解モデルの ODE シミュレーション結果の比較

の推定結果である[†]。事後分布はパラメータの各成分 k_1 と k_2 がそれぞれの軸
に沿って正の方向に裾が重くなっており，どちらか一方にパラメータの大小関

[†] k が連続値をとるため，事後分布 $p(\boldsymbol{k}|\mathcal{D})$ は確率密度分布関数であることに注意された
い。

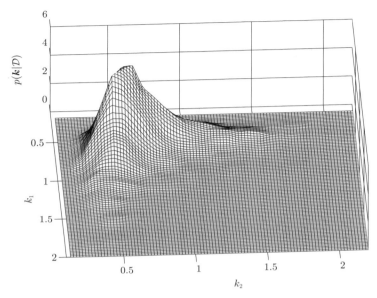

図 5.8 酔歩 MH 法による事後分布 $p(\boldsymbol{k}|\mathcal{D})$ の数値計算結果

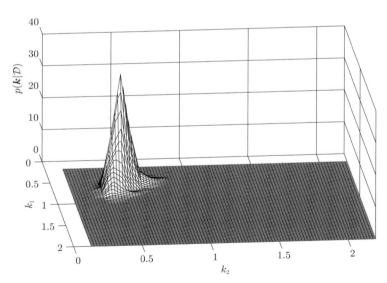

図 5.9 酔歩 MH 法による事後分布 $p(\boldsymbol{k}|\mathcal{D})$ の数値計算結果

係が偏りやすい傾向はあるが, 正解モデルのパラメータ付近になだらかなピークがあることがわかる。図 **5.9** は, 同じ条件で時間区間 $[0, 10]$ におけるサンプリング点数を 5 倍に増やした結果であるが, 事後分布が正解モデルのパラメータ付近に集まり, 裾が短くピークが急峻になっているのがわかる。これは, サンプルサイズが増大してパラメータの信頼性が上がったことを表している。

5.4 適 合 の よ さ

測定時刻 t_i と入力 s_j に応じて測定ノイズの強さが異なり, $\epsilon_{i,j}$ が正規分布 $\mathcal{N}(\mathbf{0}, \sigma_{i,j}^2 \boldsymbol{I})$ に従って

$$\boldsymbol{y}(t_i, s_j) = \boldsymbol{x}(t_i, s_j) + \boldsymbol{\epsilon}_{i,j}$$

となる場合を考える。5.2.4 項の人工モデルの例では, 簡単のために測定ノイズの強さを一定に設定したが, 生物学では実際問題として測定ノイズの強さが入力や $\boldsymbol{x}$ の大きさなどに応じて異なることもあり得る[†]。各点で測定ノイズの強さで正規化された残差の平方和

$$\chi^2 = \sum_{i,j} \frac{\|\boldsymbol{y}(t_i, s_j) - \boldsymbol{x}(t_i, s_j, \boldsymbol{\theta})\|_2^2}{\sigma_{i,j}^2}$$

は, カイ 2 乗分布に従う。これは, 標準正規分布に従う独立な確率変数 m 個の 2 乗和が自由度 m のカイ 2 乗分布に従うことによる。$\boldsymbol{x}(t_i, s_j, \boldsymbol{\theta})$ はデータ $\mathcal{D}$ から得られる $\boldsymbol{y}(t_i, s_j)$ の予測値なので残差は独立ではないことから, 残差の個数を n, パラメータの個数を p として, カイ 2 乗分布の自由度は $\nu = n - p$ になる。

χ^2 を自由度 ν で割って

$$\chi_\nu^2 = \frac{\chi^2}{\nu}$$

[†] 重み付きの最小 2 乗法や, 測定ノイズを時変や入力に依存した形でモデリングするなどして対応することが考えられるが, サンプルサイズが小さい場合には, 複雑な推定モデルを適用しても妥当な結論が得られるとはかぎらないので注意が必要である。

と定義し，これはパラメータ推定における適合のよさの指標として用いられる。χ_ν^2 は，1 をとる近辺で適合がよく，1 より大きいほどモデルの表現力が足りず，1 より小さいほどモデルが過適合している可能性が高いことを示している。また，必要に応じて，カイ 2 乗適合度検定を行って p 値により評価される。過適合は，パラメータ推定に用いたデータ $\mathcal{D}$ に過剰に適合し，未知のデータに対するモデルへの当てはまりが悪くなることである（6.1 節参照）。特に，サンプルサイズに比べて，モデルのパラメータ数などが大きくて自由度が高過ぎるような場合に起こりやすい。

χ_μ^2 を用いてモデルの適合のよさを評価するには，測定ノイズの強さ $\sigma_{i,j}^2$ が既知であるか，別途，評価しておく必要がある。一般に，生物学では測定ノイズの強さは未知であることが多く，データ取得が比較的高コストであることもあって，パラメータ推定とは別にノイズの強さを評価するのも簡単ではないことが多い†。そのため，適用対象は限定される。

5.5 モデル選択

ODE モデルの未知パラメータは，適切なデータセットがあれば最小 2 乗法やベイズ推定などにより，その未知パラメータを推定することは可能である。その際に，ODE モデルは対象とする系の生物学的な知見に基づいて立てられるが，知見が一つに定まらずに ODE モデルを一つに絞れないこともあり得る。そのような場合に，いくつかの ODE モデルに対してパラメータ推定を行いつつ，着目している現象が再現できているかという観点から ODE モデルを絞っていくということも，目的次第ではないわけではない。しかし，そのような方法は恣意的な結論を導く危険性がある。一方で，RSS が最小となる ODE モデルを単純に選べば，過適合に陥る可能性が高い。このような問題に対して，**情**

---

† 測定ノイズの強さが一定であれば，二つのモデルのカイ 2 乗統計量の比をとることで，測定ノイズの強さに関するパラメータを消去することができ，その比は F 分布に従うことが知られている。

報量規準（information criteria）の枠組みを用いることで，客観的に ODE モ
デルを選択することが可能になる。

多くの情報量規準が提案されているが，代表的なものに**赤池情報量規準**（Akaike
information criteria；**AIC**）と**ベイズ情報量規準**（Bayesian information cri-
teria；**BIC**）の二つがある。

パラメータの最尤推定を $\hat{\boldsymbol{\theta}}_{\mathrm{ML}}$，モデルの自由パラメータ数を n_p とすると，
AIC は

$$\mathrm{AIC} = -2\sum_{i,j} \log p(\boldsymbol{y}(t_i, s_j)|\hat{\boldsymbol{\theta}}_{\mathrm{ML}}) + 2n_p \tag{5.13}$$

である。サンプルサイズを $n_{\mathcal{D}}$ とすると，BIC は

$$\mathrm{BIC} = -2\sum_{i,j} \log p(\boldsymbol{y}(t_i, s_j)|\hat{\boldsymbol{\theta}}_{\mathrm{ML}}) + n_p \log n_{\mathcal{D}} \tag{5.14}$$

である。5.3.3 項で述べたように，最小 2 乗法でパラメータ推定を行う場合，最
尤推定で測定ノイズに定分散の独立な正規分布を仮定することと形式的に一致
する。$\boldsymbol{y} \in \Re^m$ として，σ^2 の最尤推定を $\hat{\sigma}^2$，$\hat{\boldsymbol{\theta}}_{\mathrm{ML}}$ を用いて推定される $\boldsymbol{y}(t_i, s_j)$
の推定を $\hat{\boldsymbol{y}}(t_i, s_j)$ とすると

$$p(\boldsymbol{y}(t_i, s_j)|\hat{\boldsymbol{\theta}}_{\mathrm{ML}}) = \frac{1}{\sqrt{(2\pi)^m \hat{\sigma}^2}} \exp\left[-\frac{1}{2\hat{\sigma}^2}\|\boldsymbol{y}(t_i, s_j) - \hat{\boldsymbol{y}}(t_i, s_j)\|_2^2\right]$$

であるから

$$\log \prod_{i,j} p(\boldsymbol{y}(t_i, s_j)|\hat{\boldsymbol{\theta}}_{\mathrm{ML}}) = \sum_{i,j} \log p(\boldsymbol{y}(t_i, s_j)|\hat{\boldsymbol{\theta}}_{\mathrm{ML}})$$

$$= -\frac{1}{2\hat{\sigma}^2}\sum_{i,j}\|\boldsymbol{y}(t_i, s_j) - \hat{\boldsymbol{y}}(t_i, s_j)\|_2^2 - \frac{n_{\mathcal{D}}}{2}\log\hat{\sigma}^2 - \frac{n_{\mathcal{D}}m}{2}\log 2\pi \tag{5.15}$$

を得る。式 (5.15) の尤度において，$\hat{\sigma}^2$ に関する極値条件から

$$\hat{\sigma}^2 = \frac{1}{n_{\mathcal{D}}}\sum_{i,j}\|\boldsymbol{y}(t_i, s_j) - \hat{\boldsymbol{y}}(t_i, s_j)\|_2^2 \tag{5.16}$$

が得られる。式 (5.16) を式 (5.15) に代入すると

$$-\frac{n_{\mathcal{D}}}{2}\log\frac{1}{n_{\mathcal{D}}}\sum_{i,j}\|\boldsymbol{y}(t_i,s_j)-\hat{\boldsymbol{y}}(t_i,s_j)\|_2^2-\frac{n_{\mathcal{D}}m}{2}\log 2\pi-\frac{n_{\mathcal{D}}}{2}$$

となるが，定数項はモデル選択に影響しないので無視してよい。したがって

$$\sum_{i,j}\log p(\boldsymbol{y}(t_i,s_j)|\hat{\boldsymbol{\theta}}_{\mathrm{ML}})=-\frac{n_{\mathcal{D}}}{2}\log\frac{\mathrm{RSS}}{n_{\mathcal{D}}}$$

を得る。

　モデルは，AIC もしくは BIC が最小となるものを選択することになる。これは，モデルの自由度が高くなるに従ってデータへの表面的な当てはまりがよくなるために尤度が大きくなって過適合が生じるリスクを，モデルの自由度が罰則項のような役割をして調節していると解釈することができる。AIC および BIC ともにモデル選択のためにモデルを比較するための指標であり，その値自体に意味はない。サンプルサイズが大きいとき，BIC は AIC よりも尤度への罰則が強く，BIC は AIC よりも自由度が低いモデルを選択することになる。一般に，AIC は真のモデルよりも少し自由度の高いモデルを選択して予測がよくなる傾向があり，BIC はサンプルサイズの増大とともに平均的に真のモデルに一致する傾向がある。

　情報量規準以外にもモデル選択を行う方法があり，**交差検定法**（cross validation method；**CV method**）では，訓練用と検証用にデータを分割して，訓練データでパラメータ推定を行った後，検証データのみに対する適合の度合いでモデルの評価を行う（6.1 節参照）。データの分割の仕方には多くの組合せがあるため，通常は分割の比率を決め，ランダムな分割を繰り返して，または置換を行って，複数の検証データに対する適合の度合いの平均を評価に用いる。AIC や BIC などのように漸近的性質を利用して導かれた指標とは異なり，交差検定法は手続き的な方法で得られる指標のため，適用範囲は広いが，データの分割ごとに与えられる各訓練データごとにパラメータ推定を行う必要があるため，数値計算的な負荷は大きくなる。したがって，交差検定法は統計科学一般に広く用いら

れている方法ではあるが，ODE モデルのようにパラメータ推定が数値計算的に重い問題に対しては，現状では適用が容易ではない。

5.6 感 度 解 析

推定したパラメータが過適合せずにデータによく適合しているかどうかは，統計科学における一般論として重要なことである。一方で，注目した現象をシミュレーションによって解析するという立場からは，パラメータのデータへの適合性だけでなく，モデルがパラメータの値に対して，現象をどれだけ堅牢に再現し得るかという点も重要になることがある。

注目している現象や特性に関する指標を $F(\boldsymbol{x})$ とすると，変化率を正規化した

$$\frac{\partial \log F}{\partial \log \theta_i} = \frac{\theta_i}{F} \frac{\partial F}{\partial \theta_i} \tag{5.17}$$

は，パラメータ θ_i への摂動に対する $F(\boldsymbol{x})$ の感度と考えることができ，絶対値が小さいほどパラメータ θ_i への摂動に対して堅牢であることを示している。式 (5.17) を解析的に評価するのが簡単ではない場合が多く，数値微分を用いてシミュレーションから評価されることが多い。また，**感度解析**（sensitivity analysis）はパラメータへの摂動に対してだけでなく，分子 x_i への摂動に対する分子 x_j や，入力 s への摂動に対する分子 x_j の感度などに対しても行われ，相互作用ネットワークの特性を調べるためにも適用される。

6 統 計 モ デ ル

　生化学反応に基づき，ODE や確率過程を用いて現象をモデル化するアプロー
チでは，解釈しやすい形でモデルを得られやすい。そのため，得られたモデルを
その後の生物学的考察に生かしやすいという利点がある。しかし，対象となる
システムの生化学反応の知見に乏しいときは，モデル化をしにくいという面が
ある。一方で，必ずしも生化学反応的な仕組みとしての理解を必要とせず，刺
激と応答という観点のみから対象をモデル化できればよい場合もある。そのよ
うな場合には，モデル化の対象をある種のブラックボックスの入出力システム
と見なして，入出力関係を統計学的に推定するというアプローチが有効である。
　本章では，基本的な手法である線形回帰モデル，および主成分分析について
学んだ上で，それらを発展させた手法と解釈できる部分最小 2 乗回帰モデルと
その応用例について述べる。システムバイオロジー分野における主成分回帰モ
デルの適用例はあまりないが，部分最小 2 乗回帰モデルを学ぶにあたって主成
分回帰モデルにもふれることで，読者が部分最小 2 乗回帰モデルをさらに理解
する助けになると思われる。

6.1　線形回帰モデル

　変数 $y \in \Re$ と変数 $\boldsymbol{x} \in \Re^d$ の間に関係があって，y が $\boldsymbol{x}$ によって決まると考
えられる状況では，y は $\boldsymbol{x}$ の関数として

$$y = f(\boldsymbol{x}) \tag{6.1}$$

のように書けると考えることができる。**線形回帰モデル** (linear regression model) は，式 (6.1) の f を線形な関係に限定した上で，誤差として加法的なノイズ項を付与して

$$y = \beta_0 + \sum_i^d x_i \beta_i + \epsilon \tag{6.2}$$

と定式化される。ただし，β_0 は定数であり，ϵ は $E(\epsilon) = 0$, $Var(\epsilon) = \sigma^2$ で，独立に同一の分布から発生すると仮定する。y を**目的変数** (objective variable)，**従属変数** (dependent variable)，**被説明変数** (explained variable) などといい，$\boldsymbol{x}$ を**予測変数** (predictive variable)，**説明変数** (explanatory variable)，**独立変数** (independent variable) などという。目的変数および説明変数は，問題設定に応じて無次元化しておくのがよい。$\boldsymbol{\beta}$ を**回帰係数** (regression coefficient) といい，データセット $\{\boldsymbol{x}_i, y_i\}_{i=1}^n$ から推定されるモデル変数（パラメータ）である。$x_1 = 1$ とおけば，式 (6.2) は，定数項 β_0 を β_i の中に組み込んで

$$y = \sum_i^d x_i \beta_i + \epsilon = \boldsymbol{x}^\top \boldsymbol{\beta} + \epsilon \tag{6.3}$$

と書き改める[†]ことができるので，以後，定数項については明示的に記さないことにする。

目的変数ベクトル $\boldsymbol{y} = (y_1, \ldots, y_n)^\top$，データ行列 $\boldsymbol{X} = (\boldsymbol{x}_1, \ldots, \boldsymbol{x}_n)^\top$ を使って，式 (6.3) を書き直せば

$$\boldsymbol{y} = \boldsymbol{X}\boldsymbol{\beta} + \boldsymbol{\epsilon}$$

となる。回帰係数 $\boldsymbol{\beta}$ を，最小 2 乗法によって推定しよう。説明変数ベクトルの次元数 d よりサンプルサイズ n が大きい状況 $d \leq n$ を仮定する。回帰係数 $\boldsymbol{\beta}$ の推定を $\boldsymbol{b}$ とすると，残差 2 乗和

$$E \equiv \|\boldsymbol{\epsilon}\|_2^2 = \|\boldsymbol{y} - \boldsymbol{X}\boldsymbol{b}\|_2^2 = \boldsymbol{y}^\top \boldsymbol{y} - 2\boldsymbol{y}\boldsymbol{X}\boldsymbol{b} + \boldsymbol{b}^\top \boldsymbol{X}^\top \boldsymbol{X}\boldsymbol{b}$$

を $\boldsymbol{b}$ で微分して

[†]　切片に相当する変数成分も含めて，改めて $\boldsymbol{x} \in \Re^d$ とする。

$$\frac{\partial E}{\partial \boldsymbol{b}} = -2\boldsymbol{X}^{\top}\boldsymbol{y} + 2\boldsymbol{X}^{\top}\boldsymbol{X}\boldsymbol{b}$$

であるから

$$\frac{\partial E}{\partial \boldsymbol{b}} = 0 \iff \boldsymbol{b} = (\boldsymbol{X}^{\top}\boldsymbol{X})^{-1}\boldsymbol{X}^{\top}\boldsymbol{y} \tag{6.4}$$

となる[†1]。

サンプル i に対する予測は，式 (6.4) の $\boldsymbol{b}$ を用いて

$$\hat{y} = \boldsymbol{x}_i^{\top}\boldsymbol{b}$$

となる。データセット $\{\boldsymbol{x}_i, y_i\}_{i=1}^{n}$ から回帰係数を推定することを，機械学習の文脈から**学習**（learning）または**訓練**（training）ということも多い。また，回帰係数の推定に用いたデータセットを**学習データセット**（learning data set），あるいは**訓練データセット**（training data set）といい，学習に用いない[†2]予測対象のデータセット $\{\boldsymbol{x}_i\}_{i=n+1}^{\tilde{n}}$ を**試験データセット**（test data set）という。

一般に，回帰係数が捉えたい y と $\boldsymbol{x}$ の本来の関係よりもノイズ[†3]に過度に適合してしまうと，訓練セットに対する予測誤差は非常に小さいが試験セットに対する予測誤差が大きくなるということが生じる。このような現象を**過適合**（overfitting）といい，モデルの自由度の高さに比べて，サンプルサイズが小さいほど起こりやすくなる。過適合への対策として正則化を用いる方法がある。リッジ回帰では，残差 2 乗和に正則化項として回帰係数ベクトルのユークリッドノルムの 2 乗を付与した目的関数

$$E \equiv \|\boldsymbol{y} - \boldsymbol{X}\boldsymbol{b}\|_2^2 + \lambda\|\boldsymbol{b}\|_2^2$$

の最小化により，回帰係数の推定

$$\frac{\partial E}{\partial \boldsymbol{b}} = 0 \iff \boldsymbol{b} = (\boldsymbol{X}^{\top}\boldsymbol{X} + \lambda\boldsymbol{I})^{-1}\boldsymbol{X}^{\top}\boldsymbol{y}$$

[†1] ノイズが正規分布に従う $\epsilon \sim \mathcal{N}(0, \sigma^2)$ とした場合の最尤推定に相当する。σ^2 は E/n で推定される。

[†2] 学習段階では未知である場合も含める。

[†3] y とは無関係な説明変数 $\boldsymbol{x}$ の成分なども含まれる。

が得られ，$d > n$ の場合にも回帰係数を推定することができる。

正則化には，訓練データセットに対する残差 2 乗和の最小化とともに $\|\boldsymbol{b}\|_2^2$ の大きさに一定の制約を課すことで，訓練データセットへの過度な適合を減少させる役割がある。λ は，残差 2 乗和と正則化項の相対的な重要度を調節するパラメータで，**ハイパーパラメータ**（hyper parameter）と呼ばれることもある。λ は試験データセットに対する予測誤差が最小になるように決めるのが一般的である。当然，試験データセットの y は学習段階では不明であるので，λ の決定には交差検定法がよく用いられる。交差検定法では，訓練データセット $\{\boldsymbol{x}_i, y_i\}_{i=1}^{n}$ を分割し，$\{\boldsymbol{x}_i, y_i\}_{i=1}^{m}$（$1 \leq m \leq n-1$）を新たに定義した訓練データセット $\{\boldsymbol{x}_i, y_i\}_{i=m+1}^{n}$ を交差検定データセットとして，交差検定データセットに対する予測誤差が最小になるように λ を決める（5.5 節参照）。通常は 1 セットの交差検定データセットで得た予測誤差だけでは信頼性が低いため，サンプルをランダム，または決まった手順で置換することで複数通りの分割に応じた訓練データセットと交差検定データセットの組を用意して，それぞれの訓練データセットごとに訓練を行って，それぞれの交差検定データセットに対する予測誤差の平均を用いることが多い。

目的変数と説明変数の間に非線形な関係がある場合は，説明変数となる特徴量に非線形変換を施して新たに説明変数として加えることで，非線形な関係についても記述が可能である。例えば，y と x_1 の間に

$$y = \beta_0 + \beta_1 x_1 + \beta_2 x_1^2$$

のような 2 次関数の関係があった場合，$x_2 \equiv x_1^2$ とすればよい。しかし，このような方法は，通常は目的変数と説明変数の間にどのような非線形関係があるか不明であり，説明変数，すなわち回帰係数ベクトルの次元数の増大を招きやすい。そのため一般には，次元数の増大に伴って統計学的に妥当な推定の $\boldsymbol{b}$ を得るためのサンプルサイズが指数的に大きくなって，過適合に陥りやすいという難点がある[†]。

[†] カーネル法を用いることで，回避する方法もある[26]）。

6.2 主 成 分 分 析

主成分分析（principal component analysis；**PCA**）は，高次元のデータベクトル $x \in \Re^d$ をより低次元の部分空間に射影することで，データを縮約する方法である。このとき，射影先の低次元の部分空間では，元の高次元データの情報をできるだけ保つ必要がある。データセット $\{x_i\}_{i=1}^n$ は，平均 0 になるように平行移動しておくとする。すなわち，$E(x) = 0$ である。x の重み付き和でつくられる合成変数（潜在変数ともいう）$f = x^\top w$ を考えて，合成変数 f ができるだけ元のデータ空間 x の情報を保つように重み w を決めたい。そのために，一つの方針として，f の分散が大きくなるように重み w を決めることが考えられる。この場合 f の分散が大きいほど，元のデータ空間 x の分散をよく説明することになる。しかし，大事なのは w の方向であって w が自由に大きくなれれば発散してしまうので，長さを 1 に固定しよう。すると，この問題は

$$\max_{\|w\|=1} Var[f] = \max_{\|w\|=1} E\left[(x^\top w)^2\right] = \max_{\|w\|=1} \frac{1}{n} w^\top X^\top X w$$
$$= \max_{\|w\|=1} w^\top C w \tag{6.5}$$

と定式化される。ここで C は，x の共分散行列である。最大化問題 (6.5) を

$$J = w^\top C w - \lambda(w^\top w - 1)$$

の極値問題に書き換えることができて

$$\frac{\partial J}{\partial w} = 0 \iff C w = \lambda w$$

より，これは共分散行列 C の固有値問題となる。したがって，w は C の固有ベクトル，λ は固有値であることがわかる。

特異値分解（付録 A.2 参照）

$$\frac{1}{\sqrt{n}} X = U D V^\top$$

より，重みと固有ベクトル，および固有値と特異値の関係は，それぞれ $\boldsymbol{w} = \boldsymbol{v}_i/\sqrt{n}$，$\lambda = \sigma_i^2$ である。ただし，$\boldsymbol{V} = (\boldsymbol{v}_1, \ldots, \boldsymbol{v}_d)$，および $\boldsymbol{D} = \mathrm{diag}(\sigma_i)$ で $\sigma_1 \geqq \sigma_2 \geqq \cdots \sigma_d \geqq 0$ とする。固有ベクトル $\boldsymbol{v}_i$ に対応する合成変数 f_i を**第 i 主成分**（i–th principal component）といい，その分散は

$$Var[f_i] = \boldsymbol{v}_i^\top \boldsymbol{C} \boldsymbol{v}_i = \sigma_i^2$$

である。一方，$\boldsymbol{x}$ の各変数の分散の和は

$$\mathrm{tr}\boldsymbol{C} = \sum_i \sigma_i^2$$

である。よって，合成変数 f_i の分散が $\boldsymbol{x}$ の各変数の分散の和に寄与する割合は

$$\frac{\sigma_i^2}{\sum_i \sigma_i^2}$$

となり，これを第 i 主成分の**寄与率**（contribution rate）という。また

$$\frac{\sum_{k=1}^i \sigma_i^2}{\sum_i \sigma_i^2}$$

を第 i 主成分までの**累積寄与率**（cumulative contribution rate）という。元のデータ $\boldsymbol{x}$ の全体の分散のうち，寄与率は第 i 主成分の分散が説明している割合，累積寄与率は第 1 主成分から第 i 主成分までの部分空間の分散が説明している割合と解釈できる。

$\boldsymbol{V}$ を**負荷行列**（loading matrix）と呼び

$$\boldsymbol{S} \equiv \boldsymbol{U}\boldsymbol{D} = \frac{1}{\sqrt{n}}\boldsymbol{X}\boldsymbol{V}$$

を**スコア行列**（score matrix）ということがある。また

$$\frac{1}{\sqrt{n}}\boldsymbol{X}^\top \boldsymbol{S}$$

を**主成分負荷量**（principal component loading）という[†]。$\boldsymbol{S}$ と $\boldsymbol{V}$ によって，データ行列が

[†] 文献によっては，主成分負荷量と負荷行列の言葉の使い分けが必ずしも明確でないことがある。

$$\frac{1}{\sqrt{n}}\boldsymbol{X} = \boldsymbol{S}\boldsymbol{V}^\top$$

と再構成されることがわかる。寄与率の小さな主成分を構成する部分空間を除いて，$\boldsymbol{S}_{(m)} = (\boldsymbol{s}_1,\ldots,\boldsymbol{s}_m)$，$\boldsymbol{V}_{(m)} = (\boldsymbol{v}_1,\ldots,\boldsymbol{v}_m)$ $(m < d)$ とすると

$$\frac{1}{\sqrt{n}}\boldsymbol{X} \approx \boldsymbol{S}_{(m)}\boldsymbol{V}_{(m)}^\top$$

と元の d 次元空間よりも低次元の m 次部分空間での近似的な再構成がなされる。

6.3 主成分回帰モデル

主成分分析では，元の空間の情報をできるだけ落とさないように低次元空間を合成変数によって構成した。このアプローチを線形回帰の問題に適用して，説明変数 $\boldsymbol{x}$ の合成変数である主成分に対して線形回帰を行う方法を考えることができる。このような方法は，**主成分回帰**（principal component regression；**PCR**）モデルと呼ばれる。

第 i 主成分は

$$f_i = \boldsymbol{x}^\top \boldsymbol{w} = \frac{\boldsymbol{x}^\top \boldsymbol{v}_i}{\sqrt{n}}$$

であるから，第 1 主成分から第 m 主成分までを用いて回帰を行う場合，スコア行列 $\boldsymbol{S}_{(m)}$ と重み係数ベクトル $\boldsymbol{\gamma}_{(m)}$ を用いて，主成分回帰モデルにおける目的変数ベクトルの予測は

$$\hat{\boldsymbol{y}}_{(m)}^{(\mathrm{PCR})} = \boldsymbol{S}_{(m)}\boldsymbol{\gamma}_{(m)}$$

と表現することができる。ただし，$E[\boldsymbol{y}] = 0$ になるように目的変数は平行移動されているとする。$\boldsymbol{\gamma}_{(m)}$ は，$\boldsymbol{S}_{(m)}$ をデータ行列とする回帰問題の回帰係数と見なせるので，式 (6.4) より

$$\boldsymbol{\gamma}_{(m)} = \left\{\boldsymbol{S}_{(m)}^\top \boldsymbol{S}_{(m)}\right\}^{-1} \boldsymbol{S}_{(m)}^\top \boldsymbol{y} = \left\{\frac{\boldsymbol{z}_i^\top \boldsymbol{y}}{\|\boldsymbol{z}_i\|_2^2}\right\}_{i=1}^m \tag{6.6}$$

となる。ここで，$\boldsymbol{z} \equiv \boldsymbol{U}\boldsymbol{D}$，$\boldsymbol{z} = (\boldsymbol{z}_1, \ldots, \boldsymbol{z}_d)$ であり，スコア行列の各列が直交すること $\boldsymbol{s}_i^\top \boldsymbol{s}_j = 0$ $(i \neq j)$ を用いた。すると

$$\hat{\boldsymbol{y}}_{(m)}^{(\mathrm{PCR})} = \boldsymbol{S}_{(m)}\boldsymbol{\gamma}_{(m)} = \frac{1}{\sqrt{n}}\boldsymbol{X}\boldsymbol{V}_{(m)}\boldsymbol{\gamma}_{(m)}$$

$$= \frac{1}{\sqrt{n}}\boldsymbol{X}\boldsymbol{V}_{(m)}\left\{\frac{\boldsymbol{z}_i^\top \boldsymbol{y}}{\|\boldsymbol{z}_i\|_2^2}\right\}_{i=1}^m$$

であるから，主成分回帰モデルの回帰係数は

$$\boldsymbol{\beta}_{(m)}^{(\mathrm{PCR})} = \frac{1}{\sqrt{n}}\boldsymbol{V}_{(m)}\left\{\frac{\boldsymbol{z}_i^\top \boldsymbol{y}}{\|\boldsymbol{z}_i\|_2^2}\right\}_{i=1}^m$$

に相当することがわかる。

6.1 節で述べたように通常の線形回帰モデルにおいて，説明変数の次元数が高次元でサンプルサイズより大きい状況 $d > n$ では，正則化なしでは $\boldsymbol{X}^\top \boldsymbol{X}$ の逆行列が存在しないため適用できなくなる。一方で主成分回帰モデルは，縮約された低次元部分空間への回帰となっているため，そのような状況においても適用が可能である。

6.4 部分最小2乗回帰モデル

部分最小 2 乗回帰（partial least square regression：**PLS 回帰**）モデルは，目的変数 y と説明変数 $\boldsymbol{x}$ の重み付き和の共分散が最大となるような合成変数に対して線形回帰を行う方法である。この点で，説明変数 $\boldsymbol{x}$ の情報だけを用いてつくられた合成変数に対して線形回帰を行う主成分回帰モデルとは異なっている。主成分回帰モデルと同様に，説明変数 $\boldsymbol{x}$ が高次元である $d > n$ の場合にも適用できる。また，通常の線形回帰モデルは説明変数 $\boldsymbol{x}$ の成分間に相関がある場合には適していないなどの問題があるが，部分 2 乗最小回帰モデルは，成分間に相関がある場合でも，通常の線形回帰モデルに比べて問題は起きにくい。線形回帰モデルの場合は，目的変数 y が 1 変数であったが[†]，PLS 回帰モデル

[†]　線形回帰モデルで目的変数が多変数のときは，通常は各目的変数に対して独立に線形回帰モデルを適用することになる。

ではより一般的に多変数の目的変数 $\boldsymbol{y}$ に対して定式化を行える。

目的変数を $\boldsymbol{y} \in \Re^{d_y}$, 説明変数を $\boldsymbol{x} \in \Re^{d_x}$ として, 訓練セットを $\{\boldsymbol{x}_i, \boldsymbol{y}_i\}_{i=1}^n$ とする。目的変数 $\boldsymbol{y}$ と説明変数 $\boldsymbol{x}$ は, 平均 0 に平行移動されているとする。$\boldsymbol{Y} = (\boldsymbol{y}_1, \ldots, \boldsymbol{y}_n)^\top$, $\boldsymbol{X} = (\boldsymbol{x}_1, \ldots, \boldsymbol{x}_n)^\top$ とすると, PLS 回帰モデルは

$$\boldsymbol{X} = \boldsymbol{T}\boldsymbol{P}^\top + \boldsymbol{E} \tag{6.7}$$

$$\boldsymbol{Y} = \boldsymbol{U}\boldsymbol{Q}^\top + \boldsymbol{F} \tag{6.8}$$

と定式化される。$\boldsymbol{T}, \boldsymbol{U}$ はそれぞれ $\boldsymbol{x}$ のスコア行列, $\boldsymbol{y}$ のスコア行列, $\boldsymbol{P}, \boldsymbol{Q}$ はそれぞれ $\boldsymbol{x}$ の負荷行列, $\boldsymbol{y}$ の負荷行列, $\boldsymbol{E}, \boldsymbol{F}$ はそれぞれ $\boldsymbol{x}$ の誤差行列, $\boldsymbol{y}$ の誤差行列である。

合成変数 $\boldsymbol{t} = \boldsymbol{X}\boldsymbol{w}$ と $\boldsymbol{u} = \boldsymbol{Y}\boldsymbol{c}$ の共分散が最大となるように, $\boldsymbol{w}$ と $\boldsymbol{c}$ を

$$\begin{aligned} \mathrm{cov}[\boldsymbol{t}, \boldsymbol{u}] = \mathrm{cov}[\boldsymbol{X}\boldsymbol{w}, \boldsymbol{Y}\boldsymbol{c}] &= \max_{\|\boldsymbol{r}\|=\|\boldsymbol{s}\|=1} \mathrm{cov}[\boldsymbol{X}\boldsymbol{r}, \boldsymbol{Y}\boldsymbol{s}] \\ &= \max_{\|\boldsymbol{r}\|=\|\boldsymbol{s}\|=1} \frac{1}{n}\boldsymbol{r}^\top \boldsymbol{X}^\top \boldsymbol{Y}\boldsymbol{s} \end{aligned} \tag{6.9}$$

と決める†。ここで, $\mathrm{cov}(a, b)$ は, a, b 間の共分散を表す。最大化問題 (6.9) を目的関数

$$J(\boldsymbol{r}, \boldsymbol{s}) = \frac{1}{n}\boldsymbol{r}^\top \boldsymbol{X}^\top \boldsymbol{Y}\boldsymbol{s} - \frac{\lambda}{2}(\boldsymbol{r}^\top \boldsymbol{r} - 1) - \frac{\mu}{2}(\boldsymbol{s}^\top \boldsymbol{s} - 1)$$

の極値問題に置き換えて

$$\frac{\partial J}{\partial \boldsymbol{r}} = \frac{1}{n}\boldsymbol{X}^\top \boldsymbol{Y}\boldsymbol{s} - \lambda \boldsymbol{r}, \qquad \frac{\partial J}{\partial \boldsymbol{s}} = \frac{1}{n}\boldsymbol{Y}^\top \boldsymbol{X}\boldsymbol{r} - \mu \boldsymbol{s}$$

より, $\partial J/\partial \boldsymbol{r} = 0$, $\partial J/\partial \boldsymbol{s} = 0$ であるから

$$\boldsymbol{X}^\top \boldsymbol{Y}\boldsymbol{s} = \lambda \boldsymbol{r} \tag{6.10}$$

$$\boldsymbol{Y}^\top \boldsymbol{X}\boldsymbol{r} = \mu \boldsymbol{s} \tag{6.11}$$

となる。式 (6.10) の両辺に左から $\boldsymbol{r}^\top$ を掛けて

---

† PCA や PCR と同様, 第 i 主成分ごとに決まる。$\boldsymbol{t}_i, \boldsymbol{u}_i$ のように添字によって i への依存性を表記したほうが正確ではあるが, 煩雑になるため省略している。

$$r^\top X^\top Y s = \lambda r^\top r = \lambda$$

式 (6.11) の両辺に左から $s^\top$ を掛けて

$$s^\top Y^\top X r = \mu s^\top s = \mu$$

である。したがって，$\lambda = \mu$ が成り立つ。式 (6.11) の両辺に左から $X^\top Y$ を掛けて

$$X^\top Y Y^\top X r = \mu X^\top Y s = \lambda X^\top Y s \tag{6.12}$$

である。式 (6.10) の両辺に λ を掛けて

$$\lambda X^\top Y s = \lambda^2 r \tag{6.13}$$

がわかる。よって，式 (6.12) と式 (6.13) から

$$X^\top Y Y^\top X r = \lambda^2 r \tag{6.14}$$

を得る。式 (6.14) を満たす r，すなわち重み w は行列 $X^\top Y Y^\top X$ の固有ベクトルであり，最終的に固有値問題に帰着する。

$W \equiv (w_1, \ldots, w_i)$ $(1 \leqq i \leqq d)$ とすると，W は E の零空間にあるので†

$$XW = TP^\top W \tag{6.15}$$

式 (6.15) の両辺に右から $(PW)^{-1}$ を掛けて

$$T = XW(PW)^{-1} \tag{6.16}$$

を得る。t_i は Y をよく説明しうる変数で

$$U = TD + H \tag{6.17}$$

という線形な関係が成り立つと仮定して，U をおく。ここで，t_i は T の第 i 列である。D は対角行列であり，H は誤差行列と見なすことができる。式 (6.17) と式 (6.8) より

---

† $Ax = 0$ を満たす x のベクトル空間を A の零空間という。

$$Y = UQ^\top + F = (TD + H)Q^\top + F$$
$$= TDQ^\top + HQ^\top + F \equiv TC^\top + F^* \tag{6.18}$$

となる。ただし，$C = QD$，$F^* = HQ^\top + F$ とおいた。式 (6.18) は，説明変数 t_i による目的変数 y への線形回帰モデルと見なせるので

$$C^\top = (T^\top T)^{-1}TY \tag{6.19}$$

であり，これと式 (6.16) より，式 (6.18) は

$$Y = XW(P^\top W)^{-1}(T^\top T)^{-1}TY + F^*$$
$$= XW(W^\top X^\top XW)^{-1}W^\top X^\top Y + F^* \tag{6.20}$$

となる。PLS 回帰モデルにおける回帰係数を B_{PLS} で表して

$$Y = XB_{\mathrm{PLS}} + F^*$$

と式 (6.20) を見比べて

$$B_{\mathrm{PLS}} = W(W^\top X^\top XW)^{-1}W^\top X^\top Y$$

が得られる。合成変数の個数，すなわち主成分の個数を決めるのに，交差検定法がよく用いられる。

PLS 回帰問題を解くために複数のアルゴリズムが提案されているが，基本的なものとして **NIPALS**（nonlinear iterative partial least square）アルゴリズムがある（アルゴリズム **6.1**，ここで，X, Y は，各変数が平均 0，分散 1 に標準化されているとする）。

PLS 回帰問題における説明変数の重要さを表す指標として，**VIP**（variable importance in projection）スコア

$$\mathrm{VIP}_j = \sqrt{\frac{d \sum_a^M \mathrm{SS}(b_a, t_a) \left(\dfrac{w_{ja}}{\|w_a\|_2}\right)^2}{\sum_a^M \mathrm{SS}(b_a, t_a)}}$$

アルゴリズム 6.1　　NIPALS アルゴリズム

1: $u \leftarrow Y$ の 1 列目（ランダムでもよい）

2: $w \leftarrow \dfrac{X^\top u}{u^\top u}$

3: $w \leftarrow \dfrac{w}{\|w\|_2}$

4: $t \leftarrow Xw$

5: $c \leftarrow \dfrac{Y^\top t}{t^\top t}$

6: $c \leftarrow \dfrac{c}{\|c\|_2}$

7: $u \leftarrow \dfrac{Y^\top c}{c^\top c}$

8: もし収束すればステップ 9: へ，そうでなければステップ 2: へ。

9: $p \leftarrow \dfrac{X^\top t}{t^\top t}$ (X–loadings)

10: $q \leftarrow \dfrac{Y^\top u}{u^\top u}$ (Y–loadings)

11: $b \leftarrow \dfrac{u^\top t}{t^\top t}$

12: $X \leftarrow X - tp^\top,\ Y \leftarrow Y - btc^\top$

がある。ここで，t_a, u_a はそれぞれ T, U の第 a 列であり，$b_a = (u_a^\top t_a)/(t_a^\top t_a)$ として，$\mathrm{SS}(b_a, t_a) = b_a^2 t_a^\top t_a$ である。M は，PLS 回帰に用いる主成分の個数である。$\mathrm{SS}(b_a, t_a)$ は，第 a 主成分で説明される y の分散に相当すると解釈できる。2 乗した VIP スコアの平均は 1 になる。そのため，VIP スコアが 1 より大きい変数を重要な変数と見なすことが多い。

6.5　部分最小 2 乗回帰モデルの適用例

アポトーシス（apoptosis）は，個体組織の状態を管理するために引き起こされる制御された細胞死であり，その活性に **JNK**（c–Jun N–terminal kinase）が関わっていることが知られている。しかし，JNK のアポトーシスへの関わりが，**アポトーシス促進性**（proapoptotic），**抗アポトーシス性**（antiapoptotic），無関係である，という三つの整合性のつかない研究事例が報告されており，これはアポトーシスが引き起こされる仕組みが複雑であることを示唆している。

Kevin らは，PLS 回帰モデルを用いてアポトーシスと JNK 周辺のシグナル

伝達分子種の関係をモデル化し，アポトーシス現象の整合的な説明を試みた[27]）。
図 6.1 は，**H29 細胞**（HT–29 human colon adenocarcinoma cells）に，**TNF**
（tumor necrosis factor）と EGF を組み合わせて刺激し，JNK のリン酸化とア
ポトーシスの応答を示した結果である。TNF または EGF 単独では，アポトー
シスを，それぞれ促進するまたは抑制する作用があると考えられており，アポ
トーシスの活性は複雑に表れることがわかる。彼らは，EGF に加え，抗細胞死
の作用をもつインスリンも用いて，9 種類の刺激条件で 19 種類のシグナル伝達
分子を刺激後，24 時間までの 13 の時点で測定し，説明変数行列 $X \in \Re^{9 \times 660}$
を構築している。測定値からさまざまな特徴を構成することで，説明変数は 660
個に上っている。アポトーシスに関係する四つの指標（ホスファチジルセリン
の露出，膜の透過性，核の断片化，カスパーゼ基質の分断）を刺激後 48 時間ま
での 3 時点で測定し，目的変数 $Y \in \Re^{9 \times 12}$ を構成している。

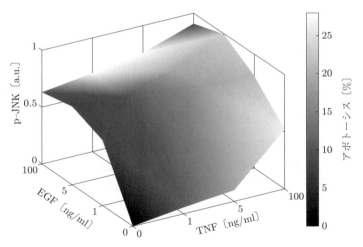

図 6.1　TNF 刺激と EGF 刺激，およびリン酸化 JNK に対するアポトーシス
　　　　の応答曲面（文献 27) を改変）

　660 個の説明変数を用いた PLS 回帰モデルでは，94% 程度の正確さで予測
を行うことができた。予測の評価と主成分数の決定には交差検定法を用いてお
り，予測に用いた主成分数の個数は三つである。第 1 主成分がアポトーシス，

第2主成分が生存に関わる指標であると解釈できる。660個の説明変数にはカスパーゼが含まれており，カスパーゼ活性はアポトーシスに直接的に関わることが知られている。そのため，アポトーシスの仕組みを知る上では，カスパーゼを除いたより入力側に近い上流のシグナル伝達とアポトーシスの関係を調べることが好ましい。カスパーゼを除外し，かつ刺激後4時間までの測定値から得られる説明変数に限定してPLS回帰モデルを構築しても，81%程度の正確さが得られている。また，VIPスコアが上位20個の説明変数のみでPLS回帰モデルを構築しても，660個の説明変数を用いたときの予測と遜色がなく，分子種をVIPスコア上位の三つに絞っても予測の正確さが高いことを示している。

一般に，シグナル伝達分子種は相互に作用し合っている可能性が高いため，説明変数 x_i 間の相関が高くなる可能性が高い。また，サンプルサイズは測定分子種の個数に比べて小さくなりがちである。そのため，PLS回帰モデルは生物学データの解析に比較的適した手法であると考えられる。

7 情報理論的アプローチ

■ bioinformatics ■■ ■ ■■■■ ■ ■■■ ■ ■ ■ ■ ■■■

　私たち人間や動物が環境の変化に対して情報処理を行っているように，細胞もまた情報処理を行っている。本章では，情報処理の中でも特に情報伝達に焦点を当て，情報理論を導入することで細胞の情報伝達を定量的に評価する試みを取り上げる。

7.1　生命の情報処理

　生命が生存していくには，さまざまな環境の変化に適応していくことが要求される。適応するためには，生命システムは変化に応じて適切な制御を選択する必要があるが，変化の検出から制御までの一連の過程は，一種の情報処理と見なすことができる。情報処理は，個体，生体組織，細胞などそれぞれのシステムに合わせて，異なるレベルで行われていると考えられる。例えば，脳が情報処理を行っていることは，誰しもが容易にイメージできる。一方で，細胞については，脳に比べて情報処理を行っているイメージは薄いように思われる。しかし，役割の違いから脳ほど高度ではないにせよ，細胞も環境の変化に応じた制御がなされるためには，環境の変化という情報を適切に処理して制御につなげる仕組みが必要なはずである。実際，脳などと比べればそれほど高度ではない可能性は高いが，細胞も情報処理を行っていると考えられている。

　脳の情報処理は主に電気信号によって担われている一方で，細胞での情報処理は生化学反応によって担われていると考えられる。情報処理の高度さという観点から研究者の興味の度合いが異なっていた可能性もあるが，測定技術の点か

ら生化学反応では電気信号と比べて信頼性の高いデータを得にくかったという
こともあり，細胞の情報処理についてはこれまであまり理解が進んで来なかっ
たように思われる。しかし近年，細胞内の生化学反応を測定する技術が進歩し，
細胞の情報処理についての理解が進みつつある。

　コンピュータに代表されるような人工的な情報処理，特にノイマン型コン
ピュータと呼ばれるものでは，情報処理の手順であるプログラムとデータが概
念的に明確に分かれている。また，プログラムとデータを記憶する，演算を行
うなど，それぞれを担当する機構も明確である。一方で，細胞の情報処理につ
いては，脳などと同様に，プログラムとデータを分ける概念は存在せず，記憶
と演算の区別もはっきりしていない。そのため現段階では，細胞における情報
処理の原理というよりは，まず第一歩として，生化学反応を介してどのように
細胞内のシステムに情報が伝達されるか，という点からの理解に主に焦点が当
てられている。

　細胞の情報処理として，1.3.1 項で見た PC12 細胞における ERK 経路の例を
振り返ろう。PC12 細胞は，ホルモンの一種である NGF による刺激を受けて
神経細胞へと分化が誘導される。NGF が受容体を介して PC12 細胞に刺激を
与え，細胞内をシグナルが伝搬し，ERK の活性化が引き起こされる。ERK の
活性化を受けて，下流の遺伝子群が活性化して発現することで，PC12 細胞は神
経細胞へと分化する（図 1.6）。この一連の流れは，「NGF の刺激」という情報
が PC12 細胞内を伝搬することで分化が誘導されると捉えることができる。す
なわち，NGF の刺激が PC12 細胞の分化を制御する情報を担っていると考え
ることができる。したがって，もし NGF の刺激がもたらす情報によって分化
が正確に制御されているのであれば，下流の遺伝子群の活性化の様子から ERK
の活性化の様子がわかり，ERK の活性化の様子からどのような NGF の刺激が
あったのかわかるはずである。

　しかし実際には，ERK や遺伝子群の活性化にはばらつきがあるため（**図 7.1**），
それらの関係は必ずしも 1 対 1 ではなく，NGF の刺激の情報すべてが下流の
遺伝子群に伝えられるとはかぎらない。それでは，NGF の刺激が伝える PC12

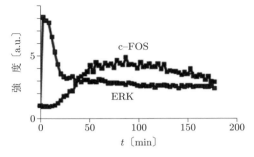

（a）　時刻 0 でステップ状の NGF 刺激を与えたときの ERK および
ERK 下流の遺伝子群の一つである c–FOS の平均活性化強度

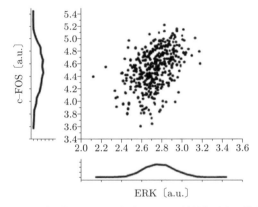

（b）　150 分付近における 1 細胞レベルの活性化強度の散布図

図 7.1　ERK と c–FOS の活性強度の時系列および散布図

細胞に分化を誘導する情報はどれくらいが伝達されているのであろうか。情報
の量を定量的に評価する試みは 20 世紀にシャノン（C.E. Shannon）によって
なされ，情報理論として確立し，通信理論や計算機科学，統計科学などの広い
範囲に影響を及ぼし，成功を収めている[28]。細胞内の情報伝達においても，情
報理論を適用することで情報の量を「情報量」として数学的に定義し，定量的
な評価を行うことが可能となる。

7.2 情報理論の基礎

7.2.1 情報とはなにか？

情報量を数学的に定義する上で情報の概念を明確にする必要があるが，「情報」という言葉は日常的に使われる言葉であるにもかかわらず，実は定量的に示すことはそれほど簡単ではないように思われる。例として，明日の天気を考えてみよう。雨が多くいつも雨ばかり降っている地域に住んでいる人にとって，明日の天気が雨になるという情報はそれほど価値のある情報ではないだろう。一方で，晴と雨が半々である地域に住んでいれば，明日が雨になるという情報は相対的に価値のあるものであると考えられる。このことについて少し視点を変えて考えると，情報の価値は，明日の天気についてのあいまいさ，すなわち不確実性が「明日が雨になるという情報」によってどれだけ減少したかで決まると捉え直せる。このような観点からシャノンが定義した情報量は，その情報を得ることによって減少する不確実性の量として解釈できる。同じことではあるが，その情報を得ることによって不確実性が減少し，その分だけ相対的に増した確実性の量とも捉えることができる。

7.2.2 情 報 量

再び天気を例に，日々の天気をデータとして記録することを考えよう。簡単のため，1日に現れる天気は晴，曇，雨の三つのみとする。また，現実には天気は前日の天気の影響を受けやすいものだが，日ごとに独立に天気が決まっているとする。天気を表す確率変数を X として，$p(X = 晴) = 0.7$, $p(X = 曇) = 0.2$, $p(X = 雨) = 0.1$ であるとき，日々の天気をデータとして記録するにはどれくらいの記録容量が必要になるだろうか。天気を記録するにあたり，天気の各事象に2進数表記の符号を割り当てて，日々の天気の系列をデータとして表現することにしよう。必ずしも2進数表記を使う必要はないが，2進数表記は単純，かつ計算機処理に適していて，情報量を考える際に通常は2進数表記を基本と

する。また，容易に n 進数表記へと変換することができ，2 進数表記によって一般性を失うことはない。

　簡単に思いつくのは，晴，曇，雨をそれぞれ $00, 01, 10$ のように表現する符号であろう。この場合，すべての事象が 2 進数表記で 2 桁で表現されている。bits は 2 進数で表記したときの桁数を計る単位で，この場合はすべて 2 桁の 2 進数なので，すべての符号は 2 bits ということになる†。このとき，1 日当りの天気を記録する平均的なデータの長さは

$$0.7 \times 2 + 0.2 \times 2 + 0.1 \times 2 = 2$$

より，2 bits であることがわかる。しかし一方で，出現しやすい天気と出現しにくい天気に区別なく同じ長さの符号を割り当てるのは，記録容量の観点からあまり効率的ではないように思える。そこで，天気の出現しやすさに応じて，符号の長さを変えてみよう。出現しやすい天気に短い符号，出現しにくい天気に長い符号を割り当てて，晴，曇，雨をそれぞれ $0, 10, 110$ と表現すると

$$0.7 \times 1 + 0.2 \times 2 + 0.1 \times 3 = 1.4$$

より，1.4 bits となり，平均的に 0.6 bits 短くなることがわかる。これは，1 日当りの平均的な差になる。すなわち，100 日分のデータであれば，前者の符号によるデータ表現であれば，データ長は 200 bits であるが，後者の符号によるデータ表現であれば，データ長は平均的に 140 bits であり，平均的にデータ長が 60 bits 短くなるということになる。ここで「平均」というのは，記録日数が十分に多く，データ長が長い場合に「平均的に収束する」という意味で用いており，天気の出現を確率モデルにしていることによる。

　データの量が多いほうが情報がたくさんありそうなので，感覚的には bits 数が大きいほうが情報がたくさんありそうである。しかし前述の例から，符号化によるデータの表現方法によって，まったく同じ内容を記録してもデータ長が異なることがあるのがわかった。一方で直観的には，記録している内容は同一

---

†　英語としては bits は複数形なので 1 桁のときは 1 bit と表す場合もあるが，本書では bits を単位と考え，1 桁でも 1 bits とする。

なので，どちらの符号を用いてもデータに含まれる情報の量は本質的には同じ
であるべき，と考えるのが自然に思われる。実は情報理論においては，情報量
は，平均的にデータ長が最小となるような符号化を行ってデータを表現したと
きの平均データ長と考えることができる。冗長な表現によってデータ長をいた
ずらに長くするのは簡単なので，このように情報量を定義するのは理にかなっ
ているように思われる。

　より一般的な記述で，情報量を定式化しよう。データの生成モデルを確率モ
デルによって記述し，データ系列は同一の確率分布 $p(X)$ から独立に生成され
る実現値によって構成されるとする。M 個の事象を考え，事象 i の実現値 x_i を
長さ l_i の任意の符号によって表現することにすると，平均データ長 $\bar{L}$ に対して

$$\bar{L} \equiv \sum_{i=1}^{M} p(x_i)l_i \geq -\sum_{i=1}^{M} p(x_i) \log_b p(x_i) \equiv H(p)$$

と下限が存在することが示せる。対数関数 $\log$ の底 b は，データを b 進数で表現
したときの長さに対応している。したがって，情報量は $H(p)$ によって定式化
されるが，これは**エントロピー**（entropy）と形式的に等しい[†1]。また，情報量
$H(p)$ は**シャノンの情報量**（Shannon's information）と呼ばれることもある。
データの生成モデルである確率分布 $p(X)$ は**情報源**（information source）と
呼ばれ，情報源 $p(X)$ のもつ情報量がエントロピー $H(p)$ に相当するというこ
とになる。確率変数 X のエントロピーは $H(X)$ と記されることが多いが，X
が 2 値をとる場合には X の分布は 1 パラメータで決まるので，パラメータを明
示して $H(p)$ のように記されることも多い。このように，情報源 $p(x)$ が与えら
れれば，原理的にはエントロピー $H(p)$ から情報量を評価することができる[†2]。
ここでは，データが独立に発生して系列を構成する単純な場合を仮定したが，
データの発生が過去の履歴に依存するようなより複雑な場合も条件付き確率を
用いてモデル化することで同様な議論が可能である。

[†1]　$-\log p(x)$ を情報量と呼び，エントロピー $H(p)$ を平均情報量と呼ぶこともある。
[†2]　しかし，一般に平均データ長がエントロピー $H(p)$ を達成するようなデータの符号化方
　　　法を知ることは簡単ではない。

7.2.3　簡単な通信のモデル：2元対称通信路

データを通信によって送ることを考えよう。データは，**通信路**（communication channel）を介して送られ，通信路の送信を X，受信を Y で表す。データは 0 と 1 の 2 値をとり，確率分布 $p(X)$ に従い，$p(X = 0) = p$，$p(X = 1) = 1 - p$ であるとする。一般に，通信路にはノイズが存在する。ここでは，ノイズによって送信された 0 と 1 が確率 α で反転して受信されるとしよう。通信路は条件付き確率でモデル化できて，この場合

$$p(y = 0|x = 0) = p(y = 1|x = 1) = 1 - \alpha$$

$$p(y = 1|x = 0) = p(y = 0|x = 1) = \alpha$$

であり（図 **7.2**），このような通信路は，**2 元対称通信路**（binary symmetric channel）と呼ばれる。このような 2 元対称通信路を介して送ることができる情報量はどれくらいだろうか。

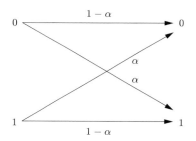

図 7.2　2 元対称通信路

情報理論では，情報源と通信路の確率モデルによる定式化の下，通信路を介して平均的に伝達可能な情報量は，**相互情報量**（mutual information）

$$I(X;Y) = H(X) + H(Y) - H(X,Y) \tag{7.1}$$

に等しいことが示されている[†]。$H(X,Y)$ は，X と Y の結合分布 $p(x,y)$ に対するエントロピーである。$p(x,y) = p(x)p(y|x)$ であり，周辺化

[†]　通信の文脈では，通常は情報源を符号化する過程が入るが，生物学的問題設定においては情報源と符号化の関係がほとんどの場合で不明である。そのため，入力の分布と情報源を同一と考える。

$$p(y) = \sum_x p(x, y)$$

により，**図 7.3** が得られる。ここで，$\sum_x$ は x の定義域すべてで和をとる操作である。

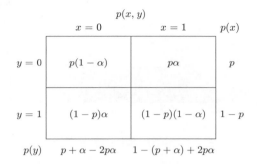

図 7.3 結合分布 $p(x,y)$ と周辺分布 $p(x), p(y)$ の関係

2 元対称通信路の相互情報量を計算してみよう。

$$H(X) = -p \log p - (1-p) \log(1-p)$$

$$H(Y) = -(p + \alpha - 2p\alpha) \log(p + \alpha - 2p\alpha)$$
$$- (1 - p - \alpha + 2p\alpha) \log(1 - p - \alpha + 2p\alpha)$$

$$H(X,Y) = -p \log p - (1-p)\log(1-p) - \alpha \log \alpha - (1-\alpha)\log(1-\alpha)$$

となり，これらより

$$I(X;Y) = -(p + \alpha - 2p\alpha) \log(p + \alpha - 2p\alpha)$$
$$- (1 - p - \alpha + 2p\alpha) \log(1 - p - \alpha + 2p\alpha)$$
$$+ \alpha \log \alpha + (1-\alpha) \log(1-\alpha)$$

である。単位を bits とするならば，log 関数の底は 2 である。2 元対称通信路の相互情報量 $I(X;Y)$ を，**図 7.4** に示す。鞍状になり，$p = 0.5$ で最大値をと

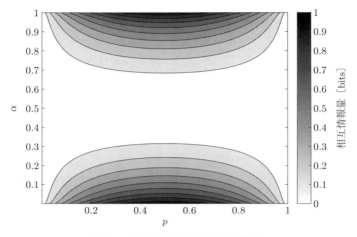

図 **7.4**　2 元対称通信路の相互情報量

るが，α に関しては $\alpha = 0.5$ で最小で，$\alpha = 0$ または $\alpha = 1$ に近づくにつれて
大きくなることがわかる。

　このように，相互情報量によって送受信間で伝送可能な情報量を調べること
ができる。相互情報量の詳細については，7.2.5 項にて述べる。

7.2.4　細胞内情報伝達のモデル化

　7.1 節で述べた PC12 細胞が NGF 刺激によって分化する例を，通信のモデ
ルに置き換えてみよう。PC12 細胞は，NGF 刺激によって神経突起が伸長して
神経様細胞へと分化する。このとき，NGF は受容体を介してその下流にある
ERK をリン酸化して活性化させる。すると，ERK のさらに下流にある遺伝子
群が応答して，PC12 細胞の分化が生じると考えられている。NGF 刺激によっ
て生じる PC12 細胞の分化には，ERK の活性化が必要であると考えられてい
るので，分化では NGF 刺激の情報が ERK の活性化によって下流まで届けら
れていると考えてよさそうである。そこで，ひとまず NGF 刺激から ERK ま
での情報伝達を通信になぞらえて同様にモデル化してみよう。NGF 刺激を送
信 x_{NGF}，ERK の活性化を受信 y_{ERK} として，NGF 刺激は情報源として分布

$p(x_\text{NGF})$ に従うと考えることができる。図 7.1 からわかるように ERK の活性化にはばらつきがあるので，ある NGF 刺激に対する ERK の応答は条件付き分布 $p(y_\text{ERK}|x_\text{NGF})$ と表すことができ，これは通信路に相当する。したがって，ERK も分布

$$p(y_\text{ERK}) = \sum_{x_\text{NGF}} p(y_\text{ERK}|x_\text{NGF})p(x_\text{NGF})$$

に従うことになり**図 7.5** のようにモデル化される。一般には送信 x_NGF と受信 y_ERK は必ずしもスカラーとはかぎらず，問題設定に応じてベクトルなどでモデル化される。

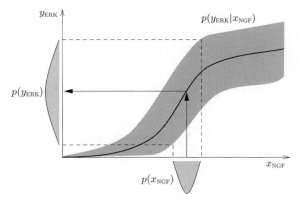

図 7.5 NGF 刺激に対する ERK 応答の情報伝達モデル化の例

7.2.5 相互情報量の基本的性質

情報量に相当するエントロピーを振り返り，相互情報量の基本的な性質について述べる。確率変数 X と Y は離散値をとるとする。X のエントロピーは確率分布 $p(x)$ を用いて

$$H(X) = -\sum_x p(x) \log p(x) \tag{7.2}$$

と定義され，X と Y の結合確率分布 $p(x, y)$ に対する**結合エントロピー**（joint entropy）は

$$H(X, Y) = -\sum_{x,y} p(x, y) \log p(x, y)$$

と定義される。X が与えられた下での Y の**条件付きエントロピー**（conditional entropy）は

$$H(Y|X) = -\sum_{x,y} p(x, y) \log p(y|x)$$

と定義される。周辺化，および条件付き分布と結合分布の関係から

$$
\begin{aligned}
H(X, Y) - H(X) &= -\sum_{x,y} p(x, y) \log p(x, y) + \sum_{x} p(x) \log p(x) \\
&= -\sum_{x,y} p(x, y) \log p(x, y) + \sum_{x,y} p(x, y) \log p(x) \\
&= -\sum_{x,y} p(x, y) \{\log p(x, y) - \log p(x)\} \\
&= -\sum_{x,y} p(x, y) \log \frac{p(x, y)}{p(x)} \\
&= -\sum_{x,y} p(x, y) \log p(y|x) \\
&= H(Y|X) \tag{7.3}
\end{aligned}
$$

という関係式が成り立つのがわかる。式 (7.3) より

$$H(X, Y) = H(X) + H(Y|X)$$

がわかるが，より一般に**連鎖則**（chain rule）

$$H(X_1, \ldots, X_n) = \sum_{i} H(X_i | X_{i-1}, \ldots, X_1)$$

が成り立つ。ただし，$H(X_1 | X_0) = H(X_1)$ とする。

相互情報量は，式 (7.1) で定義したが

$$I(X; Y) = H(X) + H(Y) - H(X, Y)$$

$$= H(X) - H(X|Y) = H(Y) - H(Y|X)$$

とも表せて，これらは基本的に同等な定義である．また，各エントロピーの間には集合論的な解釈が成り立ち，図 **7.6** のように表せる．情報量の大きさが円の大きさに相当し，相互情報量 $I(X;Y)$ は，エントロピー $H(X)$ と $H(Y)$ を表す円の共通部分に相当する．条件付きエントロピー $H(X|Y)$ は，エントロピー $H(X)$ を表す円からエントロピー $H(Y)$ を表す円が重なっている部分を除いた残りの部分であり，これは確率変数 Y を知ったときの確率変数 X についての情報量，すなわち確率変数 Y について知ったときに確率変数 X に対して残る平均的な不確実さと解釈できる．また，関係式 $H(X|Y) = H(X,Y) - H(Y)$ は確率変数ベクトル $(X,Y)^\top$ に関する平均的な不確実さから，確率変数 Y に関する平均的な不確実さを引いたものでもある．すると相互情報量は，確率変数 X に関する平均的な不確実さから，確率変数 Y について知ったときに確率変数 X に対して残る平均的な不確実さを引いたものであると解釈できる．これは，対称性から X と Y を入れ換えても成立する．また，エントロピーの非負性から $H(X|Y) \geqq 0$, $H(Y|X) \geqq 0$ であるので

$$I(X;Y) \leqq H(X), \qquad I(X;Y) \leqq H(Y)$$

が成り立つ．伝達される情報量が，入力または出力である情報源がもつ情報量以上になることはないというのは，直観に即している．

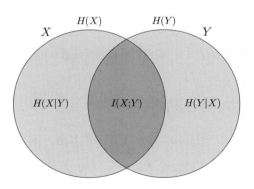

図 7.6 エントロピーと相互情報量の関係

相互情報量は，和を整理して

$$I(X;Y) = \sum_{x,y} p(x,y) \log \frac{p(x,y)}{p(x)p(y)} \tag{7.4}$$

とも表せて，上式を以って定義される場合も多い。式 (7.4) は，**KL 情報量**
(Kullback–Leibler divergence, **カルバック・ライブラー情報量**)

$$D(p(x)||q(x)) = \sum_{x} p(x) \log \frac{p(x)}{q(x)}$$

を用いて

$$I(X;Y) = D(p(x,y)||p(x)p(y))$$

とも表せる。KL 情報量は，一般に $D(p(x)||q(x)) \neq D(q(x)||p(x))$ であるた
め，距離の公理を満たさず厳密には距離とはならないが，非負性

$$D(p(x)||q(x)) \geqq 0 \tag{7.5}$$

が成り立ち，等号は $p(x) = q(x)$ のときのみ成立する。この性質から，KL 情報
量は分布 $p(x)$ と $q(x)$ との間の非類似度と考えることができるため，**KL 偽距
離**と呼ばれることもある。また，**相対エントロピー**と呼ばれることもある。式
(7.5) より

$$I(X;Y) = 0 \iff p(x,y) = p(x)p(y)$$

がわかるので，$I(X;Y) = 0$ であれば確率変数 X と Y は統計的に独立となり，
また逆も成り立つ。

　エントロピーと同様に相互情報量についても，**条件付き相互情報量** (conditional
mutual information)

$$\begin{aligned}
I(X;Y|Z) &= H(X|Z) + H(Y|Z) - H(X,Y|Z) \\
&= H(X|Z) - H(X|Y,Z) = H(Y|Z) - H(Y|X,Z) \\
&= \sum_{x,y,z} p(x,y,z) \log \frac{p(x,y|z)}{p(x|z)p(y|z)}
\end{aligned}$$

が定義できる。

$$I(X;Y|Z) = 0 \iff p(x,y|z) = p(x|z)p(y|z)$$

であり，$I(X;Y|Z) = 0$ は条件付き独立と同値である。条件付き相互情報量に対して，連鎖則

$$I(X_1, \ldots, X_n; Y) = \sum_i I(X_i; Y|X_{i-1}, \ldots, X_1) \tag{7.6}$$

が成り立つ。ただし，$I(X_1; Y|X_0) = I(X_1; Y)$ である。

式 (7.4) を変形すると

$$I(X;Y) = \sum_x p(x) \sum_y p(y|x) \log \frac{p(y|x)}{p(y)}$$

となり，通信路 $p(y|x)$ が与えられた下で，相互情報量は入力となる分布 $p(x)$ に依存して決まることがわかる。分布 $p(x)$ に関する相互情報量の最大値

$$C = \max_{p(x)} I(X;Y)$$

を**通信路容量**（channel capacity）と呼ぶ。工学的な通信においては，送信したい元の情報源の符号化を通して分布 $p(x)$ をある程度自由に設計できる。一方で，通信路 $p(y|x)$ はノイズの性質に依存しており，入力に比べて調整できる自由度は低いことが多い。特殊な通信路を除けば，一般に通信路容量を実現するような入力分布 $p(x)$ を解析的に評価することは難しく，数値的な評価に頼ることがほとんどである。通信路容量を数値的に評価する代表的な方法として，**Blahut–Arimoto** アルゴリズムがある[29],[30]（付録 A.6 参照）。

7.2.6 微分エントロピー

連続確率変数に対しても，離散値をとる場合と同様に，エントロピーなどが定義できる。**微分エントロピー**（differential entropy）は

$$h(X) = -\int dx\, p(x) \log p(x) \tag{7.7}$$

となり，離散値をとる場合の式 (7.2) で，和を積分に置き換えた形になっている。微分エントロピーは，**連続エントロピー**と呼ばれることもある。基本的には，7.2.5 項で離散型として定義したエントロピーから派生する他の情報量においても，和を積分に置き換えることで，連続型についても形式的に同様の定義が得られる。主なものについて一応列挙すると，結合エントロピーおよび条件付きエントロピーは，それぞれ

$$h(X, Y) = -\int dxdy \, p(x, y) \log p(x, y)$$

$$h(X|Y) = -\int dxdy \, p(x, y) \log p(x|y)$$

である。相互情報量および条件付き相互情報量については

$$I(X; Y) = \int dxdy \, p(x, y) \log \frac{p(x, y)}{p(x)p(y)}$$

$$I(X; Y|Z) = \int dxdydz \, p(x, y, z) \log \frac{p(x, y|z)}{p(x|z)p(y|z)}$$

である。

微分エントロピーはエントロピーの和を積分に置き換えただけの形にはなっているが，式 (7.7) における積分が必ずしも存在するとはかぎらないことには注意が必要である。その他にも，離散型と比べて性質が顕著に異なる点として，連続型では負になり得るということがある。例えば，一様分布 $p(x) = 1/a$ $(x \in [0, a))$ の微分エントロピーは

$$h(X) = -\int_0^a dx \, \frac{1}{a} \log \frac{1}{a} = \log a$$

であるが，この微分エントロピーは $a < 1$ において負となることがわかる。このため，エントロピーのときのように，連続確率変数に対して厳密には，微分エントロピーを情報源 $p(x)$ のもつ情報量と解釈することはできない。

微分エントロピーを直観的に理解するために，連続分布 $p(x)$ を図 **7.7** のように幅 Δ のビンに切って量子化し，量子化された分布 $p_i = p(x_i)$ のエントロピーと連続分布 $p(x)$ の微分エントロピーとの関係を調べてみよう。連続確率変数 X を近似する離散確率変数 X_Δ を

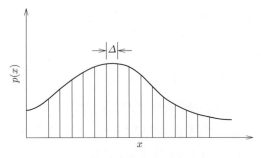

図 **7.7** 連続分布の量子化

$$(i-1)\Delta \leqq X < i\Delta \quad \text{のとき} \quad X_\Delta = x_i \qquad (i = 1, 2, \dots)$$

とする。後述するが，微分エントロピーは平行移動に対して不変なので，このように X の定義域を非負として一般性を失わない。x_i は

$$p(x_i)\Delta = \int_{(i-1)\Delta}^{i\Delta} dx \, p(x)$$

を満たすものとする。i 番目のビンに X が入る $X_\Delta = x_i$ となる確率は

$$p_i = p(x_i)\Delta$$

であるので，離散確率変数 X_Δ のエントロピーは

$$
\begin{aligned}
H(X_\Delta) &= -\sum_i p_i \log p_i \\
&= -\sum_i \{p(x_i)\Delta\} \log\{p(x_i)\Delta\} \\
&= -\sum_i \{p(x_i)\Delta\} \log p(x_i) - \sum_i \{p(x_i)\Delta\} \log \Delta \\
&= -\sum_i \{p(x_i)\Delta\} \log p(x_i) - \log \Delta
\end{aligned}
\tag{7.8}
$$

と表せる。

$p(x) \log p(x)$ が積分可能，すなわちエントロピー $H(X)$ が有限である場合，式 (7.8) の第 1 項は

$$\lim_{\Delta \to 0} - \sum_i \{p(x_i)\Delta\} \log p(x_i) = h(X)$$

となるような極限が存在する。したがって

$$\lim_{\Delta \to 0} H(X_\Delta) + \log \Delta = h(X)$$

である。例えば，X の定義域を均等に 2^n ($n \in \mathcal{N}$) 分割して，$\Delta = 1/2^n$ とすると，n が大きいとき，$H(X_\Delta) \approx h(X) + n$ であるので，$H(X_\Delta) \geq h(X)$ がわかる。これは $h(X)$ が負となり得ることに対する直接的な言及にはなっていないが，直観的な理解には合致すると思われる。

　一方で，相互情報量は必ず非負となる。先ほどと同様に，量子化によって連続確率変数 X, Y を近似するような離散確率変数 X_Δ, Y_Δ を考え，相互情報量を比べてみると

$$\begin{aligned}
I(X_\Delta; Y_\Delta) &= H(X_\Delta) + H(Y_\Delta) - H(X_\Delta, Y_\Delta) \\
&= - \sum_i \{p(x_i)\Delta_X\} \log p(x_i) - \log \Delta_X \\
&\quad - \sum_j \{p(y_j)\Delta_Y\} \log p(y_j) - \log \Delta_Y \\
&\quad + \sum_{i,j} \{p(x_i, y_j)\Delta_X \Delta_Y\} \log p(x_i, y_j) + \log(\Delta_X \Delta_Y) \\
&= - \sum_i \{p(x_i)\Delta_X\} \log p(x_i) - \sum_j \{p(y_j)\Delta_Y\} \log p(y_j) \\
&\quad + \sum_{i,j} \{p(x_i, y_j)\Delta_X \Delta_Y\} \log p(x_i, y_j) \\
&\to h(X) + h(Y) - h(X, Y) \ (\Delta_X, \Delta_Y \to 0) \\
&= I(X; Y)
\end{aligned}$$

となって，Δ_X, Δ_Y に関する項が打ち消し合い，$\Delta_X, \Delta_Y \to 0$ の極限で $I(X_\Delta; Y_\Delta)$ と $I(X; Y)$ は一致することがわかる。また当然，$I(X_\Delta; Y_\Delta) \geq 0$ であるから，$I(X; Y) \geq 0$ がわかる †。この性質は，微分エントロピー $h(X)$ と比べて大

---

† 　直接的な証明も可能である。

きく異なる。

　連続確率変数 X が分布 $p_X(x)$ に従うとき，c を任意の定数として，X の平行移動 $Y = X + c$ の微分エントロピーは

$$
\begin{aligned}
h(Y) &= -\int dy\, p_Y(y) \log p_Y(y) \\
&= -\int dy\, p_X(y-c) \log p_X(y-c) \\
&= -\int d(y-c)\, p_X(y-c) \log p_X(y-c) \\
&= -\int dx\, p_X(x) \log p_X(x) \\
&= h(X)
\end{aligned}
$$

より

$$
h(X + c) = h(X) \tag{7.9}
$$

である。したがって，微分エントロピーは，任意の平行移動に対して不変である。定数倍 $Y = cX$ に対しては

$$
\begin{aligned}
h(Y) &= -\int dy\, p_Y(y) \log p_Y(y) \\
&= -\int dy\, \frac{1}{|c|} p_X\left(\frac{y}{c}\right) \log \frac{1}{|c|} p_X\left(\frac{y}{c}\right) \\
&= -\int d\frac{y}{c}\, p_X\left(\frac{y}{c}\right) \log \frac{1}{|c|} p_X\left(\frac{y}{c}\right) \\
&= -\int d\frac{y}{c}\, p_X\left(\frac{y}{c}\right) \log p_X\left(\frac{y}{c}\right) + \log |c| \\
&= -\int dx\, p_X(x) \log p_X(x) + \log |c| \\
&= h(x) + \log |c|
\end{aligned}
$$

であるから

$$
h(cX) = h(X) + \log |c| \tag{7.10}
$$

となることがわかる。また，式 (7.9), (7.10) より，相互情報量は平行移動および定数倍のスケール変換に対して不変であることがわかる[†]。

ガウス変数 $\boldsymbol{X} \in \Re^n \sim \mathcal{N}(\boldsymbol{x}|\boldsymbol{\mu}_x, \boldsymbol{C}_x)$ の微分エントロピーは

$$h(\boldsymbol{x}) = \frac{1}{2} \log(2\pi e)^n |\boldsymbol{C}_x|$$

となる。これより，$\boldsymbol{X}$ とガウス変数 $\boldsymbol{Y} \in \Re^m \sim \mathcal{N}(\boldsymbol{y}|\boldsymbol{\mu}_y, \boldsymbol{C}_y)$ との結合分布が共分散行列 $\boldsymbol{C}_{xy}$ をもつとき

$$I(\boldsymbol{X}; \boldsymbol{Y}) = \frac{1}{2} \log \frac{|\boldsymbol{C}_x||\boldsymbol{C}_y|}{|\boldsymbol{C}_{xy}|} \tag{7.11}$$

となる。

7.2.7 ガ ウ ス 通 信 路

ガウス通信路（Gaussian channel）では，入力となる連続確率変数 X にガウスノイズ Z_ϵ が加法的に入り，出力 Y を受け取る。式で表せば，$Y = X + Z_\epsilon$ と書ける。X と Z_ϵ は独立で，通信路の性質は過去の入力 X によらず，つねに一定であるとしよう。簡単のため X の平均を 0 とするが，一般性を失わずに平均が 0 以外の場合でも以下の議論は成り立つ。ガウスノイズ Z_ϵ は，平均を 0，分散を N とすると，通信路は

$$p(y|x) = \frac{1}{\sqrt{2\pi N}} \exp\left[-\frac{(y-x)^2}{2N}\right]$$

と表せる。

ガウス通信路の通信路容量を評価しよう。通信路容量を有限にするために，入力に関して

$$E[X^2] = \int dx\, p(x)x^2 \leq P$$

となるような制限を設ける。この制限は通信の文脈においては，送信信号の平均電力を制限していることに対応している。問題を定式化すると

[†] もっと一般に，各変数を独立に全単射な写像で変換しても不変である。

$$C = \sup_{p(x):E(X^2) \leq P} I(X;Y)$$

である。

相互情報量 $I(X;Y)$ は

$$\begin{aligned}
I(X;Y) &= h(Y) - h(Y|X) \\
&= h(Y) - h(X + Z_\epsilon|X) \tag{7.12} \\
&= h(Y) - h(Z_\epsilon|X) \tag{7.13} \\
&= h(Y) - h(Z_\epsilon) \tag{7.14}
\end{aligned}$$

式 (7.14) は，X と Z_ϵ がたがいに独立であることから導かれる。式 (7.12) から式 (7.13) の変形は直観にかなうものであると思うが，導出は

$$p_{Y|X}(y|x) = p_{Z|X}(y - x|x)$$

であるから

$$\begin{aligned}
h(Y|X) &= -\int dx \, p(x) \int dy \, p_{Y|X}(y|x) \log p_{Y|X}(y|x) \\
&= -\int dx \, p(x) \int d(x+z) \, p_{Z|X}(y - x|x) \log p_{Z|X}(y - x|x) \\
&= -\int dx \, p(x) \int dz \, p_{Z|X}(z|x) \log p_{Z|X}(z|x) \\
&= h(Z|X)
\end{aligned}$$

となる。正規分布 $\mathcal{N}(s|\mu, \sigma^2)$ の微分エントロピーは

$$\begin{aligned}
h(S) &= -\int ds \frac{1}{\sqrt{2\pi\sigma^2}} \exp\left[-\frac{(s-\mu)^2}{2\sigma^2}\right] \ln\left\{\frac{1}{\sqrt{2\pi\sigma^2}} \exp\left[-\frac{(s-\mu)^2}{2\sigma^2}\right]\right\} \\
&= -\int ds \frac{1}{\sqrt{2\pi\sigma^2}} \exp\left[-\frac{(s-\mu)^2}{2\sigma^2}\right] \left\{-\frac{(s-\mu)^2}{2\sigma^2} - \frac{1}{2}\ln(2\pi\sigma^2)\right\} \\
&= \frac{1}{2} + \frac{1}{2}\ln(2\pi\sigma^2) \\
&= \frac{1}{2}\ln(2\pi e\sigma^2) \quad \text{[nats]}
\end{aligned}$$

$$= \frac{1}{2} \log(2\pi e \sigma^2) \quad \text{〔bits〕}$$

となり，分散にのみ依存する。対数の底が e の場合は単位は nats となるが，底を 2 に置き換えれば bits に換算される。これより

$$h(Z_\epsilon) = \frac{1}{2} \log(2\pi e N) \tag{7.15}$$

である。Y の分散は

$$\begin{aligned}
Var[Y] &= E[Y^2] = E\left[(X + Z_\epsilon)^2\right] \\
&= E\left[X^2 + 2XZ_\epsilon + Z_\epsilon^2\right] = E\left[X^2\right] + E\left[Z_\epsilon^2\right] \\
&\leq P + N
\end{aligned}$$

より

$$h(Y) \leq \frac{1}{2} \log\{2\pi e(P + N)\}$$

となり，等号は $Y \sim \mathcal{N}(0, P+N)$ のときに成り立ち，このとき $X \sim \mathcal{N}(0, P)$ である。したがって

$$\begin{aligned}
I(X;Y) &= h(Y) - h(Z_\epsilon) \\
&\leq \frac{1}{2} \log\{2\pi e(P + N)\} - \frac{1}{2} \log(2\pi e N) \\
&= \frac{1}{2} \log\left(1 + \frac{P}{N}\right)
\end{aligned}$$

であるから

$$\begin{aligned}
C &= \sup_{p(x):E(X^2)\leq P} I(X;Y) = \max_{p(x):E(X^2)\leq P} I(X;Y) \\
&= \frac{1}{2} \log\left(1 + \frac{P}{N}\right)
\end{aligned}$$

となって，通信路容量は，$X \sim \mathcal{N}(0, P)$ のときに達成される。

7.3 分 布 の 推 定

　細胞内情報伝達の解析として，相互情報量の数値評価には入力分布 $p(x)$ と通信路である条件付き分布 $p(y|x)$ を実験データから推定する必要がある。しかし，一般にサンプルサイズが有限のデータセットから母集団に相当する真の分布を正しく求めるのは簡単ではなく，特にサンプルサイズが小さい場合やデータが高次元の場合はより難しくなる。

7.3.1 適 応 分 割 法

　サンプル点から分布を推定する最も基本的な方法は，ヒストグラムを作成して体積が 1 になるように正規化する方法であろう。この方法では推定する分布の形状がビンのサイズに大きく依存し，推定された分布から計算される相互情報量はビンのサイズによって大きく異なるということが起きる。推定された分布を $\hat{p}(\boldsymbol{x})$，真の分布を $p_o(\boldsymbol{x})$ として，一般に 2 乗平均誤差は

$$E\left[\{\hat{p}(\boldsymbol{x}) - p_o(\boldsymbol{x})\}^2\right] = \{\mathrm{Bias}(\hat{p}(\boldsymbol{x}))\}^2 + Var(\hat{p}(\boldsymbol{x})) \tag{7.16}$$

となり，バイアスと分散の和からなる。式 (7.16) 中の平均操作 E は，真の分布 $p_o(\boldsymbol{x})$ から無作為にデータセットを生成して $\hat{p}(\boldsymbol{x})$ を推定することの繰返しに対して行う。バイアスはビンのサイズを大きくしてビンの数が小さくなるほど大きくなり，逆に分散はビンのサイズを小さくしてビンの数が大きくなるほど大きくなり，この点で両者はトレードオフの関係にある。そのため，$\hat{p}(\boldsymbol{x})$ によって評価した相互情報量は，ビンのサイズが小さ過ぎても大き過ぎても $p_o(x)$ より評価される正しい相互情報量とは異なることになる。

　図 **7.8** は，相関 $r = 0.8$ をもつ 2 次元ガウス分布を例に，相互情報量を数値的に評価したときの解析的評価との誤差である。よって，ビンのサイズを適切に決める必要があり，これまでに多くの基準が提案されている。**適応分割法**（adaptive partitioning method）[31] は，ビンのサイズを統計的仮説検定を用い

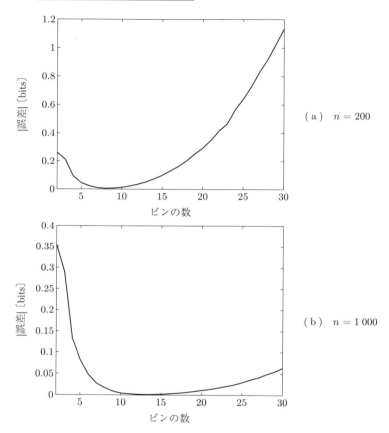

図 7.8 ヒストグラムから数値的に評価した相互情報量と解析的に評価した
相互情報量との誤差の絶対値

て適応的に決める方法であり，ビンそれぞれの確率が有意に異なるようにビン
を切ることにより，過度に分布が複雑になることを避ける方法である。

　適応分割法では，ビンを切った後の確率が同じかどうかをカイ 2 乗適合度検定
を行って調べる。カイ 2 乗適合度検定では，ある母集団 Ω が k 個のたがいに素
な母集団 $A_1, \ldots, A_k$ に分割されて，その確率を $p(A_1) = p_1, \ldots, p(A_k) = p_k$
としたとき，ある与えられた確率 $\boldsymbol{\pi} = (\pi_1, \ldots, \pi_k)$ に対してこの確率 $\boldsymbol{p} = (p_1, \ldots, p_k)$ が等しいかどうかを検定する。帰無仮説および対立仮説は

$$H_0 : \boldsymbol{p} = \boldsymbol{\pi}$$

$$H_1 : \boldsymbol{p} \neq \boldsymbol{\pi}$$

である。

母集団 Ω から n 個のサンプルを無作為抽出によって取り出して，それぞれの事象の観測度数が $n_1, \ldots, n_k$ であったとする。一方，帰無仮説の分布の下では期待度数は，$n\pi_1, \ldots, n\pi_k$ である。このとき，観測度数と期待度数（**表 7.1**）が適合しているかどうかを，カイ 2 乗統計量

$$\mathcal{X}_n^2 = \sum_i^k \frac{(n_i - n\pi_i)^2}{n\pi_i} \tag{7.17}$$

によって検定することができる。カイ 2 乗統計量は，帰無仮説の下で漸近的に自由度 $k-1$ のカイ 2 乗分布に従う。式 (7.17) より求めたカイ 2 乗値が，設定した有意水準に対応した棄却限界より大きければ，観測度数は期待度数に適合しないとして帰無仮説 H_0 を棄却する。そうでなければ，両者は適合するとして帰無仮説 H_0 を採択することになる。また，カイ 2 乗統計量を自由度 ν で正規化して，$\mathcal{X}_n^2 / \nu$ を用いる場合には，統計量は

$$\mathcal{X}_n^2 = \sum_i^k \frac{(n_i - n\pi_i)^2}{\sigma_i^2} \tag{7.18}$$

を用いる。ここで，σ_i^2 は事象 A_i に関する分散である。

表 7.1 観測度数と期待度数

事　　象	$A_1, \ldots, A_k$
観測度数	$n_1, \ldots, n_k$
期待度数	$n\pi_1, \ldots, n\pi_k$

適応分割法では，カイ 2 乗適合度検定を適用して再帰的にビンを分割していく。2 次元のヒストグラムを推定することにして，ある一つのビンを $B_{R(a)}$ と表して，そのビンを x 軸および y 軸それぞれで 2 等分して全体を 4 等分したビンを $B_{R(a),1}, B_{R(a),2}, B_{R(a),3}, B_{R(a),4}$ と表すことにする。さらに，それら四つのビンをそれぞれ同じように 4 等分して得られる全部で 16 個のビンを，

$B_{R(a),1,1}, \ldots, B_{R(a),1,4}, B_{R(a),2,1}, \ldots, B_{R(a),4,4}$ と表すことにする（図 **7.9**）。最初の状態として設定するすべてのサンプルを覆う一つのビンを B_0 と表すことにする。ここで，a はビンを表すインデックスであり，$R(a)$ はインデックス a で表されるビン B_0 を分割していったときの表現に対応している。例えば，$R(a) = (0,1,1)$ であれば，インデックス a のビンは，B_0 を 4 等分したときの左上のビンをさらに 4 等分したものの左上のビンを表している。すなわち，B_0 を 16 等分した最も左上のビンである。$B_{R(a),2}$ は，$B_{R(a)}$ を 4 等分したときの右上のビンを表すことになる。

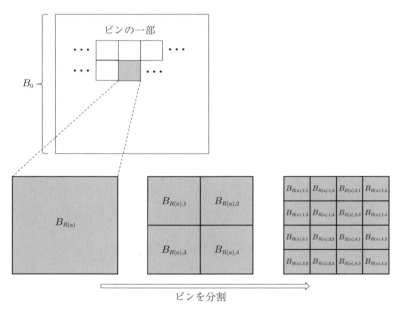

図 **7.9**　$R(a)$ によるビンの表現

　適応分割法では，一つのビンを分割するか否かの判定にカイ 2 乗適合度検定を 2 回行う（図 **7.10**）。ビン $B_{R(a)}$ 内部にあるサンプルの個数を $n(B_{R(a)})$ と表すことにして，有意水準を 0.2 として検定統計量を計算すると

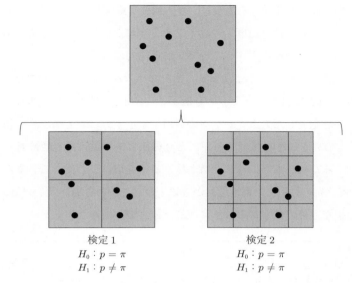

図 **7.10** カイ 2 乗検定を 4 分割と 16 分割の両方で実施

$$\sum_{i}^{3} \frac{\left\{ n(B_{R(a),i}) - \dfrac{n(B_{R(a)})}{4} \right\}^2}{3 \cdot n(B_{R(a)}) \cdot \dfrac{1}{4} \cdot \dfrac{3}{4}}$$

$$= \frac{16}{9n(B_{R(a)})} \sum_{i}^{3} \left\{ n(B_{R(a),i}) - \frac{n(B_{R(a)})}{4} \right\}^2$$

$$< \frac{\chi^2_{3,0.2}}{3} = 1.547 \tag{7.19}$$

$$\sum_{i,j}^{3} \frac{\left\{ n(B_{R(a),i,j}) - \dfrac{n(B_{R(a)})}{16} \right\}^2}{15 \cdot n(B_{R(a)}) \cdot \dfrac{1}{16} \cdot \dfrac{15}{16}}$$

$$= \frac{256}{225n(B_{R(a)})} \sum_{i,j}^{3} \left\{ n(B_{R(a),i,j}) - \frac{n(B_{R(a)})}{16} \right\}^2$$

$$< \frac{\chi^2_{15,0.2}}{15} = 1.287 \tag{7.20}$$

のいずれかを満たさなかった場合に，帰無仮説を棄却してビン $B_{R(a)}$ を 4 等分
する。ここで，$\chi^2_{s,t}$ は自由度 s のカイ 2 乗分布における有意水準 t に相当する
点の値である。この操作をすべてのビンに再帰的に適用し，ビンの分割が起こ
らなくなるまでつづけることになる。アルゴリズムの例を，**アルゴリズム 7.1**
にまとめた。**図 7.11** に，x と y の分散がともに 1，相関が 0.7 である 2 次元ガ
ウス分布から生成した人工データへの適用例を示す。この方法は，原理的には
2 次元以上の分布にも拡張できるが，とり得るビンの数は次元数に対して指数
的に増加するため，実際には次元数が増えると適用は難しくなる。また，カイ
2 乗適合度検定の性質上，期待度数が 5 以下のビンがある場合は，p 値の評価で
正確性を損なう可能性があることに注意する必要がある。

アルゴリズム 7.1　　適 応 分 割 法

1: ビンの集合を $\mathcal{B} = \{B_{R(i)}\}_i$ として，$i = 0$，$R(0) = 0$ とする。$\mathcal{B}_* = \phi$ とする。
2: $\mathcal{B}$ の任意のビンを一つ指定して，そのインデックスを $i = a$ とする。
3: $B_{R(a)}$ に対して式 (7.19), (7.20) の検定を行う。
4: 式 (7.19), (7.20) のいずれかが満たされなかった場合，$\mathcal{B} \leftarrow \mathcal{B} \cup \{B_{R(a),1}, \ldots, B_{R(a),4}\}$
　 とする。それ以外の場合は，$\mathcal{B}_* \leftarrow \mathcal{B}_* \cup B_{R(a)}$ とする。
5: $\mathcal{B} \leftarrow \mathcal{B} \setminus \mathcal{B}_{R(a)}$
6: $\mathcal{B}$ にビンがあればステップ 2: へ，ビンがなければ終了。

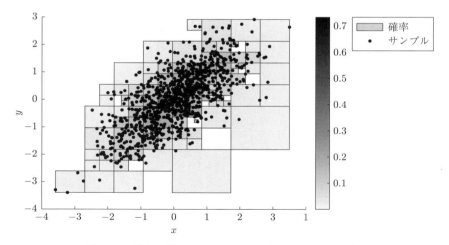

図 7.11　適応分割法の人工データへの適用例（$n = 1\,000$）

7.3.2 B–スプライン関数を用いる方法

B–スプライン関数（B–spline function）の性質を用いることで，一つのサンプルを複数のビンに分散するように数えて分布を推定することができる[32]。ビンの個数を M として，$i = 1, \ldots, M$ とする。B–スプライン関数の次数を k として，ノットベクトルを

$$t_i = \begin{cases} 0 & (i < k) \\ i - k + 1 & (k \leqq i \leqq M - 1) \\ M - 1 - k + 2 & (i > M - 1) \end{cases}$$

と定義する。B–スプライン関数は

$$B_{i,1}(z) = \begin{cases} 1 & (t_i \leqq z < t_{i+1}) \\ 0 & (その他) \end{cases}$$

と定義すると，再帰的に

$$B_{i,k}(z) = B_{i,k-1}(z) \frac{z - t_i}{t_{i+k-1} - t_i} + B_{i+1,k-1}(z) \frac{t_{i+k} - z}{t_{i+k} - t_{i+1}}$$

と定義される。データセットを $\{(x_u, y_u)\}_{u=1}^{n}$ として，x 軸を M_x 個，y 軸を M_y 個に均等にビンに分割する。さらに

$$\tilde{B}_{i,k}(x_u) = B_{i,k}\left(\frac{M_x - k + 1}{x_{\max} - x_{\min}}(x_u - x_{\min}) \right)$$

とおく。ここで，$x_{\min} = \min\{x_u\}_u$，$x_{\max} = \max\{x_u\}_u$ である。すると，x の周辺分布の i 番目のビンを a_i，y の周辺分布の j 番目のビンを b_j と表すことにすると，x の周辺確率は

$$p(a_i) = \frac{1}{n} \sum_{u}^{n} \tilde{B}_{i,k}(x_u)$$

となり，結合確率は

$$p(a_i, b_j) = \frac{1}{n} \sum_{u}^{n} \tilde{B}_{i,k}(x_u) \tilde{B}_{j,k}(y_u)$$

となる。この手法は，各サンプル点における B–スプライン関数の値を足し合わせた和が 1 になる，という B–スプライン関数の性質に基づいており（図 **7.12**†，図 **7.13**），一つのサンプル点が複数のビンに分散して数えられることで，推定分布が過度にデータに適合するのを軽減している。

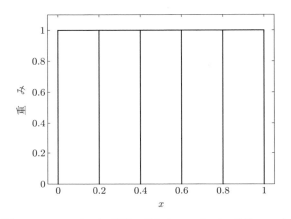

図 7.12 B–スプライン関数の重み（B–スプライン次数 $k = 1$）

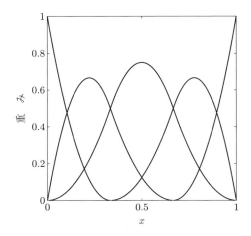

図 7.13 B–スプライン関数の重み（B–スプライン次数 $k = 3$）

---

† $x \in [0, 0.2], [0.2, 0.4], [0.4, 0.6], [0.6, 0.8], [0.8, 1.0]$ の各範囲で重み 1 をとる矩形状の関数が五つ並んでいる。したがって，B–スプライン次数 $k = 1$ の場合は通常のヒストグラムに相当する。

7.3.3　カーネル密度推定法

カーネル密度推定法（kernel density estimation）では，データセット $\{x_i\}_{i=1}^{n}$ から x の分布を

$$p(x) = \frac{1}{n} \sum_{i}^{n} K(x - x_i)$$

と推定する。カーネル関数 K は

$$K(x) > 0, \qquad \int dx\ K(x) = 1$$

を満たす必要がある。よく利用される代表的なカーネル関数の一つは，ガウシアンカーネル関数

$$K(x) = \frac{1}{h\sqrt{2\pi}} \exp\left[-\frac{x^2}{2h}\right]$$

である。h はバンド幅（band width）と呼ばれ，正規分布の分散に相当するパラメータである。h が大きいほど推定される分布はなめらかになり，逆に h が小さいほど分布の形状は複雑になる（図 **7.14**）。ヒストグラムのビンのサイズが分布の推定においてバイアスと分散のトレードオフの関係をもたらしたように，カーネル密度推定法における h についても，同様に分布の推定においてバイアスと分散のトレードオフの関係がある。

　ガウシアンカーネル関数は，定義域が有界ではない。定義域が有界なものとして，Epanechnikov カーネル関数

$$K(x) = \frac{3}{4}(1 - x^2)I(|x| \leq 1)$$

がある。残念ながら，Epanechnikov カーネル関数は，定義域の境界で微分可能ではない。対して，Tri–cube カーネル関数

$$K(x) = \frac{70}{81}(1 - |x|^3)^3 I(|x| \leq 1)$$

は，定義域の境界でも微分可能である。$I(\cdot)$ は指示関数で

$$I(\cdot) = \begin{cases} 1 & ((\cdot) \text{ を満たす}) \\ 0 & (\text{その他}) \end{cases}$$

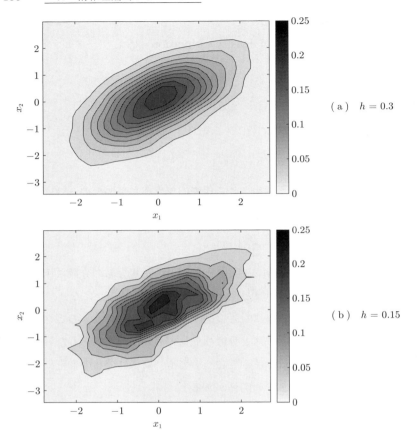

（ a ） $h = 0.3$

（ b ） $h = 0.15$

図 7.14 分散がともに 1，相関 0.7 である 2 次元ガウス分布から生成した人工データに
対するガウシアンカーネルによるカーネル密度推定法の適用例（ $n = 1\,000$ ）

である。

また，一般に x はベクトルでも成立する。$\boldsymbol{x} \in \Re^d$ のとき，例えばガウシア
ンカーネル関数は

$$K(\boldsymbol{x}) = \frac{1}{h^d \sqrt{(2\pi)^d}} \prod_{i}^{d} \exp\left[-\frac{x_i^2}{2h}\right]$$

となる。

7.3.4 k 近傍を用いた情報量の推定

サンプル点の k 近傍に関する情報を使って，分布の推定を経由せずに相互情報量を評価することができる[33]。k 近傍（k–nearest neighbor）とは，あるサンプル点 z_i から k 番目に近い距離にあるサンプル点のことを指す。$z \in \Re^d$ であるが，z 空間を x と y の二つの部分空間に分けて，$z = (x, y)^\top$ とする。x と y の次元数を，それぞれ d_x, d_y と表す。同一分布から独立にサンプリングされた $\{x_i, y_i\}_{i=1}^n$ がデータセットして与えられているとき，相互情報量 $I(X; Y)$ を推定しよう。

距離は最大値ノルムを用いて定義することにし[†]，$\epsilon(i)$ を z_i から k 近傍までの距離の 2 倍とする。$n_x(i)$ を x の部分空間において x_i から $\epsilon(i)/2$ 以内の距離にあるサンプル点の個数に 1 を加えた数とし，同様に $n_y(i)$ を y の部分空間において y_i から $\epsilon(i)/2$ 以内の距離にあるサンプル点の個数に 1 を加えた数とする。d 次元空間における単位球の体積を c_d と表すことにすると，X のエントロピーの推定は，

$$\hat{H}(X) \approx -\frac{1}{n} \sum_{i}^{n} \psi(n_x(i)) + \psi(n) + \log c_{d_x} + \frac{d_x}{n} \sum_{i}^{n} \log \epsilon(i) \quad (7.21)$$

となる。ここで，$\psi(x)$ はディガンマ（digamma）関数

$$\psi(x) = \frac{d}{dx} \ln \Gamma(x)$$

である。また，$\Gamma(x)$ はガンマ関数

$$\Gamma(x) = \int_0^\infty dt \; e^{-t} t^{x-1}$$

である。Y のエントロピーの推定 $\hat{H}(Y)$ も同様になり，結合エントロピーは

$$\hat{H}(X, Y) = -\psi(k) + \psi(n) + \log(c_{d_x} c_{d_y}) + \frac{d_x + d_y}{n} \sum_{i}^{n} \log \epsilon(i)$$

$$(7.22)$$

[†] x と y の部分空間では，それぞれ別のノルムで距離を定義することもできるが，ここではすべて最大値ノルムで距離を定義することにする。

と推定できる。相互情報量の推定は，式 (7.21), (7.22) から

$$\hat{I}(\boldsymbol{X}; \boldsymbol{Y}) = \hat{H}(\boldsymbol{X}) + \hat{H}(\boldsymbol{Y}) - \hat{H}(\boldsymbol{X}, \boldsymbol{Y})$$

$$= \psi(k) + \psi(n) - \frac{1}{n} \sum_{i}^{n} \psi(n_x(i)) + \psi(n_y(i)) \qquad (7.23)$$

となる（付録 A.7 参照）。

k 近傍を用いた情報量の推定は，z が高次元であっても式 (7.23) の計算は比較的実行可能である。しかし，導出には近似が含まれているため，高次元になるほど推定値にバイアスが含まれやすい傾向がある。また，式 (7.23) は負となることがある。

7.4　生物システムへの応用例

情報理論を実際に生物システムの情報伝達の解析に応用した例を紹介する。シグナル伝達システムが生物の情報処理において重要な役割を担っていると考えられていることや，リン酸化修飾などの生化学反応は比較的速く進むこともあって情報伝達としての解釈がしやすいことなどから，現状ではシグナル伝達システムへの適用が多い。しかし方法論としては，適切な解釈が伴えばシグナル伝達系にかぎらず広く適用可能である。

7.4.1　ショウジョウバエの発生における Bicoid–Hunchback システム

ショウジョウバエ（Drosophila）の発生において，**Bicoid–Hunchback シ ステム**は，初期胚の前後軸を形成する上で重要な役割を担っていると考えられている。Bicoid は上流として位置する転写因子であり，その標的として下流の Hunchback の遺伝子発現が制御される。したがって，Bicoid を送信側もしくは入力，Hunchback を受信側もしくは出力と捉えることができ，Bicoid から Hunchback には前後軸の形成に関わる重要な情報が伝達されていると考えられている。

Tkačik らは，Bicoid–Hunchback 間の相互情報量と通信路容量を比較し，ショウジョウバエの初期胚の発生において，Bicoid–Hunchback 間の情報伝達が理論的な上界である通信路容量に近いことを明らかにした[34]。Bicoid–Hunchback 間の通信路容量が 1.7 bits 程度であるのに対して，相互情報量は 1.5 bits 強である（図 7.15 の $F = 1$ における〇印であり，9 個体の初期胚から得られた標準偏差がエラーバーで表示されている）。また図 7.15 において，F は，Bicoid の転写因子濃度が c のときの Hunchback の遺伝子発現濃度の標準偏差 $\sigma_g(c)$ をスケーリングするノイズ強度のパラメータである。Bicoid–Hunchback システムにおける情報伝達が通信路容量に近いという事実は，人工的なシステムと比べて動作および設計原理の多くが不明な生物システムが，理論的な上界に近い情報伝達を実現しているという点で非常に興味深い†。実験系や測定技術に

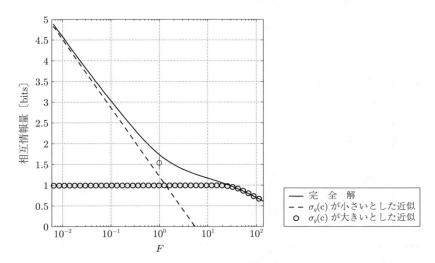

図 **7.15** Bicoid–Hunchback システムの通信路容量と生体内における相互情報量の比較（文献 34) を改変）

---

† 相互情報量はあくまで伝達可能な情報量であり，必ずしも生物学的に意味のある情報が情報量の分だけ伝達されているとはかぎらないことに注意されたい。例えば，相互情報量が 2 bits であった場合，入力から 4 状態を区別することが平均的に可能であるが，その入力によって細胞に伝達される必要があるのは「生存」か「分化」の 2 状態だけかもしれず，必ずしも四つの状態に対応して意味をもたせているかどうかは別に議論が必要となる。

よっては通信路となる条件付き分布のみが測定可能で入力分布は知り得ないことも多いが，彼らが用いた実験系では入力分布である Bicoid の分布が測定可能であったため，実際の生体内における情報伝達と通信路容量を比べることができている。

Bicoid の転写因子濃度を c，Hunchback の遺伝子発現濃度を g とおいて，通信路を

$$p(g|c) = \frac{1}{\sqrt{2\pi\sigma_g^2(c)}} \exp\left[-\frac{\{g(c) - \bar{g}(c)\}^2}{2\sigma_g^2(c)}\right] \qquad (7.24)$$

とモデル化する。$\bar{g}(c)$ は，Bicoid の転写因子濃度が c のときの Hunchback の遺伝子発現濃度の平均である。

すると，$\sigma_g(c)$ が小さいとき通信路容量は

$$C \approx \log \frac{\int d\bar{g} \ (\sigma_g(\bar{g}))^{-1}}{\sqrt{2\pi e}} \qquad (7.25)$$

と表せる（付録 A.8 参照）。また，$\sigma_g(c)$ が大きいときは，非対称 2 元通信路と見なして近似することで

$$C \approx \frac{-\eta H_2(\xi) + \xi H_2(\eta)}{\eta - \xi} + \log\left\{1 + 2^{\frac{H_2(\xi) - H_2(\eta)}{\eta - \xi}}\right\} \qquad (7.26)$$

と表せる（付録 A.8 参照）。ただし

$$H_2(p) \equiv -p\log p - (1 - p)\log(1 - p)$$

である。η, ξ は，c の最小値 $c_{\min}$ および最大値 $c_{\max}$ をとるときのそれぞれの標準偏差 $\sigma_g(c_{\min}), \sigma_g(c_{\max})$ から決まる非対称 2 元通信路のパラメータである。

ノイズが小さいとき，および大きいとき，それぞれ式 (7.25) および式 (7.26) に通信路容量が漸近しているのがわかる（図 7.15）。

7.4.2 Bush モデルと Tree モデル

シグナル伝達系などでは，受容体などを介して入力されるホルモンや成長因

子などの刺激の情報は，必ずしも上流から下流へと一本の経路だけで伝達されるとはかぎらず，むしろ複数の経路へと伝搬していることのほうが多いと考えるのが自然であろう。

Cheong らは，情報を伝達するネットワーク構造の分岐に応じた二つの情報伝達のモデル，**Bush モデル**（bush model）と **Tree モデル**（tree model）を提案した[35]。Bush モデルは，刺激などの情報 S が分岐して複数の下流 R_i $(i = 1, \ldots, n)$ へと直接的に伝搬していくネットワーク構造である（**図 7.16**）。ガウス通信路を仮定し，Bush モデルは

$$S \sim \mathcal{N}(0, \sigma_S^2), \qquad R_i = m_i S + b_i + \gamma_i, \qquad \gamma_i \sim \mathcal{N}(0, \sigma_{S \to R_i}^2)$$

と定式化される。m_i は，S から R_i への情報伝達におけるゲイン，b_i は R_i の平均である。Bush モデルにおける相互情報量

$$I_{\text{Bush}}(S; R_1, \ldots, R_n) = \frac{1}{2} \log \left(1 + \sigma_S^2 \sum_i^n \frac{m_i^2}{\sigma_{S \to R_i}^2} \right) \tag{7.27}$$

は，S から $R_1, \ldots, R_n$ に伝達される情報量と解釈できる。一方，Tree モデルでは，S から一度 C を経由して，R_i へと情報が伝達されるボトルネック状の構造になっている（**図 7.17**）。Cheong らは，C を木の幹に例えて Trunk と呼んでいる。

Tree モデルは，同様にガウス通信路を仮定し

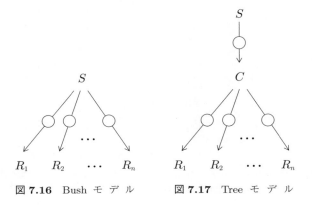

図 7.16 Bush モデル **図 7.17** Tree モデル

$$S \sim \mathcal{N}(0, \sigma_S^2), \qquad C = m_C S + b_C + \gamma_C, \qquad \gamma_C \sim \mathcal{N}(0, \sigma_{S \to C}^2)$$

$$R_i = m_i C + b_i + \gamma_i, \qquad \gamma_i \sim \mathcal{N}(0, \sigma_{S \to R_i}^2)$$

と定式化される。m_C は，S から C への情報伝達におけるゲイン，b_C は C の平均であり，m_i は，C から R_i への情報伝達におけるゲイン，b_i は R_i の平均である。Tree モデルにおける相互情報量

$$I_{\text{Tree}}(S; R_1, \ldots, R_n) = \frac{1}{2} \log \left(1 + \frac{m_C^2 \sigma_S^2 \sum_i^n \dfrac{m_i^2}{\sigma_{C \to R_i}^2}}{1 + \sigma_{S \to C}^2 \sum_i^n \dfrac{m_i^2}{\sigma_{C \to R_i}^2}} \right) \quad (7.28)$$

は，S から C を経由して $R_1, \ldots, R_n$ に伝達される情報量と解釈できる。式 (7.27) および式 (7.28) の導出は，多次元ガウス分布の相互情報量 (7.11) において，それぞれのモデルにおける共分散行列を代入することで得られる。また，一般に，周辺分布の相互情報量が結合分布の相互情報量より大きくなることは

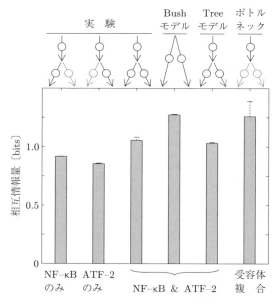

図 7.18 Bush モデル，Tree モデル，および実験データの経験分布
からそれぞれ評価された相互情報量（文献 35) を改変)

ない†。

Cheong らは，培養細胞を TNF で刺激し，NF–κB（transcription factor nuclear factor κB）の核移行，および ATF–2（activating transcription factor–2）のリン酸化を測定し，TNF から NF–κB と ATF–2 への情報伝達を調べた（図 **7.18**）。入力分布には，通信路容量を達成する分布を用いている。その結果，モデルを仮定しなかったときの相互情報量は，Tree モデルを仮定したときの相互情報量と非常に近かった。また，Bush モデルの相互情報量は，TNF と受容体複合体との相互情報量に近かった。受容体複合体は，TNF と NF–κB および ATF–2 との間に位置する反応物である。これらの比較に基づいて，TNF–NF–κB シグナル伝達経路の情報伝達は，ボトルネック状の構造をとっていると結論づけている。

7.4.3 経路による情報量の寄与

確率変数 X, Y, Z に対して連鎖則 (7.6) より

$$I(X;Y,Z) = I(X;Z) + I(X;Y|Z) \tag{7.29}$$

$$= I(X;Y) + I(X;Z|Y) \tag{7.30}$$

が成立する。式 (7.29) と式 (7.30) を比べて

$$I(X;Z) = I(X;Z|Y) + I(X;Y) - I(X;Y|Z) \tag{7.31}$$

が成り立つが

$$I(X;Y;Z) = I(X;Y) - I(X;Y|Z)$$

とおくと，式 (7.31) は

$$I(X;Z) = I(X;Z|Y) + I(X;Y;Z) \tag{7.32}$$

と書き直せる。

式 (7.32) の集合論的解釈としては，X と Z の共通部分が X と Z のみの二

---

† 例えば，$I(S;R_1) \leqq I(S;R_1,R_2)$ である。これは，ガウス通信路にかぎらない。

つの共通部分と X と Y と Z の三つの共通部分から構成されていると見なすことができ，X から Z への情報伝達を二つの情報量 $I(X;Z|Y)$ と $I(X;Y;Z)$ の寄与に分けて考えることができる（図 **7.19**）。$I(X;Z|Y) = 0$ のとき，X, Y, Z は $X \to Y \to Z$ のマルコフ連鎖を構成し，式 (7.32) は $I(X;Z) = I(X;Y;Z)$ となる。したがって，$I(X;Y;Z)$ を $X \to Y \to Z$ の経路が寄与する情報量，$I(X;Z|Y)$ を Y を経由しない $X \to Z$ の経路が寄与する情報量と解釈することができる[36]（図 **7.20**）。このような相互情報量を経路の寄与に分解することは，連鎖則により 4 変数以上でも一般に成り立つ。

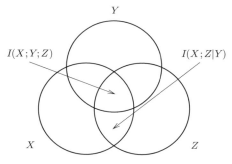

図 **7.19**　$I(X;Z|Y)$ と $I(X;Y;Z)$ の関係

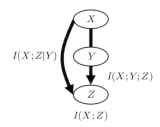

図 **7.20**　相互情報量 $I(X;Z)$ の各経路からの寄与

　Uda らは，NGF，PACAP（pituitary adenylate cyclase–activating peptide），PMA（phorbol 12–myristate 13–acetate）を用いて PC12 細胞を刺激し，ERK と CREB（3′–5′–cyclic adenosine monophosphate(cAMP) response element–binding protein），およびその下流の早期応答遺伝子である c–FOS と EGR1（early growth response protein 1）への情報伝達を調べた。入力分布は，刺激から c–FOS または EGR1 の間で通信路容量を達成するように設定している。連鎖則に基づいて経路ごとの情報量を定義し，刺激から早期応答遺伝子までの各経路の寄与を評価した結果，刺激の種類によらず早期応答遺伝子までの情報伝達はおよそ 1 bits であった。さらに，刺激の種類によって経路の寄与が異なり，NGF は主に ERK，PACAP は主に CREB，PMA は主に ERK と CREB 以外の経路について，それぞれ寄与が大きいことが明らかとなった

（図 **7.21**）。ここで相互情報量は，刺激後に最も大きくなる時刻付近で評価され
ている。また，複数ある情報伝達経路の一部に薬理的な摂動を与えても，情報
伝達が堅牢になされることを示す結果が得られている。

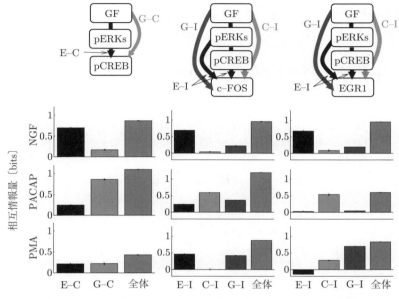

図 7.21 ERK 経路における相互情報量の寄与（文献 36) を改変）

7.4.4 時系列の相互情報量

刺激 S に対して，応答の時系列をベクトル $\boldsymbol{R} = (R_1, \ldots, R_m)^\top$ と表すと，
刺激 S と応答の時系列 $\boldsymbol{R}$ 間の情報伝達を，相互情報量

$$I(S; \boldsymbol{R}) = H(\boldsymbol{R}) - H(\boldsymbol{R}|S) \tag{7.33}$$

によって定義することができる。応答の時系列に相当する結合分布 $p(\boldsymbol{R})$ に対
して，ある一時刻の応答の分布 $p(R_t)$ はその周辺分布であるから，時系列のほ
うが伝達される情報量は多くなることは明らかである。しかし，$\boldsymbol{R}$ が高次元の
場合には，高次元分布の推定や計算量の面から式 (7.33) の計算には工夫が必要
になる。

Selimkhanov らは，k 近傍法に基づいた近似を導入し，相互情報量 (7.33) およびその通信路容量の計算アルゴリズムを提案している[37]。刺激 $S = s_i$ $(i = 1, \ldots, m)$ に対するサンプル j の応答を $\boldsymbol{R} = \boldsymbol{r}_{ij} \in \Re^d$ とおく。すなわち，$\boldsymbol{r}_{ij}$ は刺激 s_i に対するサンプル j の応答の時系列で，成分で書き下せば，$\boldsymbol{r}_{ij} = (r_{ij1}, \ldots, r_{ijd})^\top$ となる。重み q_i を用いて

$$p(\boldsymbol{R}) = \int dS \; p(S)p(\boldsymbol{R}|S) \approx \sum_i^m q_i p(\boldsymbol{R}|S)$$

とすると

$$
\begin{aligned}
H(\boldsymbol{R}) &= -\int d\boldsymbol{R} \; p(\boldsymbol{R}) \log p(\boldsymbol{R}) \\
&= -\int d\boldsymbol{R} \sum_i^m q_i p(\boldsymbol{R}|S) \log \sum_l^m q_l p(\boldsymbol{R}|S) \\
&\approx -\sum_i^m \frac{q_i}{n_i} \sum_j^{n_i} \log \sum_l^m q_l p(\boldsymbol{r}_{ij}|s_l)
\end{aligned}
\tag{7.34}
$$

である。ここで，X が独立に同一の分布 $p(x)$ から発生しているという仮定の下で，n をサンプルサイズとして，積分による平均をサンプル平均で近似するという操作

$$E[f(X)] = \int dx \; p(x)f(x) \approx \frac{1}{n} \sum_i^n f(x_i) \tag{7.35}$$

を用いている。n_i は，刺激 s_i に対する応答の時系列のサンプルサイズである。一方，V_d を d 次元空間の単位球の体積とし，$\rho(\boldsymbol{r}_{ij}|R_i)_k$ を，$\boldsymbol{r}_{ij}$ から刺激 s_i への応答の集合 R_i における k 近傍までの距離とすると

$$p(\boldsymbol{r}_{ij}|s_i) \approx \frac{k}{n_i V_d \rho(\boldsymbol{r}_{ij}|R_i)_k^d}$$

と近似すれば

$$H(\boldsymbol{R}) \approx -\sum_i^m \frac{q_i}{n_i} \sum_j^{n_i} \log \sum_l^m q_l \frac{k}{n_l V_d \rho(\boldsymbol{r}_{lj}|R_l)_k^d} \tag{7.36}$$

を得る。同様に

$$H(\boldsymbol{R}|S) = -\int dSd\boldsymbol{R}\; p(S)p(\boldsymbol{R}|S)\log p(\boldsymbol{R}|S)$$

$$\approx -\sum_i^m \frac{q_i}{n_i}\sum_j^{n_i}\log p(\boldsymbol{r}_{ij}|s_i)$$

$$= -\sum_i^m \frac{q_i}{n_i}\sum_j^{n_i}\log \frac{k}{n_i V_d \rho(\boldsymbol{r}_{ij}|R_i)_k^d} \qquad (7.37)$$

を得る。したがって，式 (7.36) および式 (7.37) を用いて，相互情報量 $I(S;\boldsymbol{R})$ を計算できる。通信路容量は，拘束条件として任意の i に対して $q_i \geqq 0$ かつ $\sum_i^m q_i = 1$ を課して，相互情報量 $I(S;\boldsymbol{R})$ を数値的に最大化することによって得られる。

Selimkhanov らは，EGF，ATP (adenosine triphosphate)，LPS (lipopoly-saccharide) の刺激に対して，それぞれ ERK，Ca^{2+}，NF–κB の応答を時系列で測定し，刺激と応答の時系列間の相互情報量を調べた。入力分布は，各出力に対して通信路容量を達成するように設定している。いずれの刺激の場合においても，通信路容量は 1 時刻の周辺分布のときよりも大きく，時系列のパターンとして伝達される情報量はおよそ 1～2 bits であった（**図 7.22**）。

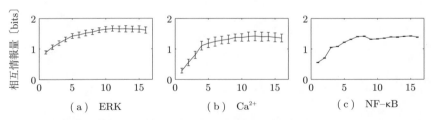

図 7.22 刺激と時系列応答間の相互情報量（次元数 d，文献 37) を改変）

相互情報量は，時系列では一時刻の周辺分布よりも増加するので，細胞は時系列のパターンに情報をのせることで，伝達する情報量を潜在的には増やすことが可能である。これは時系列に限ったことでなく，Bush モデルと Tree モデルで見たように，分子種の組合せを使うことでも同様に情報量を増やせる。一

方で，伝達可能な情報量をどこまで使っているかは個別に検討する必要があると思われる。また，情報量の解釈には，測定技術によって制約される部分もあることに注意されたい。細胞の測定においては，同一の細胞に同条件でさまざまな刺激を繰り返し与え，その応答を測定しつづけるということが非常に難しい。そのため，できるだけ条件をそろえた上で，測定対象の細胞集団が同一の通信路をもっていると仮定してデータセットを取得することが，現状ではほとんどであると考えられる。しかし近年，一部の系に限られてはいるが，同一の細胞に対して繰り返し刺激を与えて応答を測定して情報量を調べることも行われており，細胞ごとに通信路には一定の違いがあるという報告もある[38),39)]。細胞の情報伝達解明に対する情報理論的アプローチはまだ比較的歴史が浅く，今後，測定技術と計算手法の両面で進歩が期待される。

付　　　　録

A.1　常微分方程式の解法

システムバイオロジーに用いられる ODE モデルは，解析解が得られるものは多くなく，解析は数値計算に頼ることが多い．しかし，解析解からモデルに対する深い洞察が得られたり，解析解が得られないモデルに対してでも類推から理解を深められることがある．ここでは，本書の中で示した解析解を導く方法の概略を述べる．

A.1.1　変　数　分　離　形

次式のような形の ODE

$$\frac{dy}{dt} = \frac{g(y)}{f(t)} \tag{A.1}$$

は，変数分離形と呼ばれており

$$G(y) = \int^y \frac{dy}{g(y)}, \qquad F(t) = \int^t \frac{dt}{f(t)}$$

とおくと

$$\frac{d}{dt}G(y) = \frac{1}{g(y)}\frac{dy}{dt} = \frac{1}{f(t)} = \frac{d}{dt}F(t)$$

より

$$G(y) = F(t) + c$$

が成り立ち，y を t について解けば，解 $y(t)$ を得ることができる．ただし，c は任意定数である．

式 (2.11) に対しては，$g(y) = I - y$，$f(t) = \tau$ とできて

$$G(y) = \int^y \frac{dy}{I - y} = -\log|I - y|$$

$$F(t) = \int^t \frac{dt}{\tau} = \frac{t}{\tau}$$

であるから

$$\log|I - y| = -\frac{t}{\tau} + c_1$$

を得る。したがって

$$y(t) = I\left(1 - c_2\exp\left[-\frac{t}{\tau}\right]\right)$$

である。ただし，c_1, c_2 はそれぞれ任意定数である。$y(0) = 0$ より $c_2 = 1$ がわかる。よって，式 (2.12) の解を得る。

A.1.2　1　階　ODE

a を実定数として，ODE

$$\frac{dy}{dt} = f(t) - ay \tag{A.2}$$

の場合は，変数分離形で解くことはできない。ay を左辺に移項して両辺に e^{at} を掛けると

$$\frac{dy}{dt}e^{at} + aye^{at} = f(t)e^{at}$$

となるが，関数の積に関する微分法則を用いて左辺を書き換えて

$$\frac{d}{dt}(ye^{at}) = f(t)e^{at}$$

とできる。両辺を t で積分すると

$$ye^{at} = \int^t du\, f(u)e^{au} + c$$

であるから

$$y(t) = e^{-at}\int^t du\, f(u)e^{au} + ce^{-at}$$

を得る。

逐次反応の ODE (2.14) は，変数分離形であることを用いて解ける。ODE (2.15) に S の解を代入すると

$$\frac{d[A]}{dt} = k_1 S_0 e^{-k_1 t} - k_2[A] \tag{A.3}$$

となり，式 (A.2) において $f(t) = k_1 S_0 e^{-k_1 t}$ とした形になっている。したがって

$$y(t) = S_0 k_1 e^{-k_2 t}\int_0^t du\, e^{-(k_1 - k_2)u} + ce^{-k_2 t}$$

$$= \frac{S_0 k_1}{k_2 - k_1} \left(e^{-k_1 t} - e^{-k_2 t} \right) + c e^{-k_2 t}$$

を得る。初期条件 $[A](0) = 0$ より，$c = 0$ なので，解の式 (2.18) を得る。ODE (2.16) の解は，A の解を代入して両辺を積分することで得られる。

A.1.3 2 階 ODE

p, q を実定数として，ODE

$$\frac{d^2 y}{dt^2} + p \frac{dy}{dt} + qy = f(t) \tag{A.4}$$

の解を求めよう。微分演算子 $D = d/dt$ を導入すると，ODE (A.4) は

$$D^2 y + pDy + qy = f(t)$$

と書き直せる。さらに

$$\phi(D) = D^2 + pD + q$$

とおくと

$$\phi(D)y = f(t)$$

と書ける。$\phi(\lambda) = 0$ は特性方程式と呼ばれ，解を α, β とおく。

$\alpha \neq \beta$ のとき，$y = e^{\alpha t}, e^{\beta t}$ は，それぞれ

$$\phi(D)y = 0 \tag{A.5}$$

を満たす。線形 ODE では，解の線形重ね合わせが成り立つことから

$$y = c_1 e^{\alpha t} + c_2 e^{\beta t} \tag{A.6}$$

は，ODE (A.5) の一般解となる。ただし，c_1, c_2 は任意定数である。一方で

$$\phi(D)y = f(t) \iff (D - \alpha)(D - \beta)y = f(t)$$

であるから

$$y = \frac{1}{(D - \alpha)(D - \beta)} f(t)$$
$$= \frac{1}{\alpha - \beta} \left\{ (D - \alpha)^{-1} - (D - \beta)^{-1} \right\} f(t) \tag{A.7}$$

である。$x(t) = (D - \alpha)^{-1} f(t)$ とおくと

$$x(t) = (D - \alpha)^{-1} f(t) \iff (D - \alpha)x(t) = f(t)$$
$$\iff \frac{dx}{dt} - \alpha x = f(t)$$

であるから

$$x(t) = e^{\alpha t} \int^t du \, f(u) e^{-\alpha u}$$

を特殊解として得る。同様に $z(t) = (D - \beta)^{-1} f(t)$ とおいた場合にも特殊解が得られて，これらを式 (A.7) に代入して

$$y(t) = \frac{1}{\alpha - \beta} \left\{ e^{\alpha t} \int^t du \, f(u) e^{-\alpha u} - e^{\beta t} \int^t du \, f(u) e^{-\beta u} \right\} \tag{A.8}$$

を特殊解として得る。ODE (A.4) の一般解は，ODE (A.5) の一般解に ODE (A.4) の特殊解を足したものであるから

$$y(t) = c_1 e^{\alpha t} + c_2 e^{\beta t} + \frac{1}{\alpha - \beta} \left\{ e^{\alpha t} \int^t du \, f(u) e^{-\alpha u} - e^{\beta t} \int^t du \, f(u) e^{-\beta u} \right\} \tag{A.9}$$

と得られる。

$\alpha = \beta$ のとき，$y = e^{\alpha t}$ は

$$\phi(D)y = (D - \alpha)^2 y = 0 \tag{A.10}$$

の解の一つである。別の解を $y = v(t)e^{\alpha t}$ と表して式 (A.10) に代入すると，$D^2 v = 0$ を得る。これより，$v(t) = c_1 t + c_2$ であることがわかる。したがって

$$y(t) = v(t)e^{\alpha t} = c_1 t e^{\alpha t} + c_2 e^{\alpha t} \tag{A.11}$$

が ODE (A.10) の一般解であることがわかる。

$$\phi(D)y = (D - \alpha)^2 y = f(t) \tag{A.12}$$

の特殊解は

$$y = (D - \alpha)^{-2} f(t) = (D - \alpha)^{-1} e^{\alpha t} \int^t du \, f(u) e^{-\alpha u}$$
$$\iff (D - \alpha)y = e^{\alpha t} \int^t du \, f(u) e^{-\alpha u}$$
$$\iff \frac{dy}{dt} - \alpha y = e^{\alpha t} \int^t du \, f(u) e^{-\alpha u}$$

$$\iff y(t) = e^{\alpha t} \int^t dv \int^v du \, f(u) e^{-\alpha u} \tag{A.13}$$

である。したがって，式 (A.11), (A.13) より，ODE (A.4) の一般解は

$$y(t) = c_1 t e^{\alpha t} + c_2 e^{\alpha t} + e^{\alpha t} \int^t dv \int^v du \, f(u) e^{-\alpha u} \tag{A.14}$$

である。

ODE (2.44) において，表記を簡単にするため，$y = \tilde{y}$, $t = \tilde{t}$ と書き改める。$\alpha \neq \beta$ のとき，特殊解は

$$y = \frac{1}{\alpha - \beta} \left(\frac{S}{\beta} - \frac{S}{\alpha} \right) = \frac{S}{\alpha\beta} \tag{A.15}$$

であるから，一般解は

$$y(t) = c_1 e^{\alpha t} + c_2 e^{\beta t} + \frac{S}{\alpha\beta} \tag{A.16}$$

である。初期条件 $y = dy/dt = 0$ より

$$c_1 = \frac{S}{\alpha(\alpha - \beta)}, \qquad c_2 = \frac{S}{\beta(\beta - \alpha)}$$

であるから，解の式 (2.45) を得る。$\alpha = \beta$ のとき，特殊解は

$$y(t) = S e^{\alpha t} \int^t dv \int^v du \, e^{-\alpha u} = \frac{S}{\alpha^2}$$

であるから，一般解は $\alpha = -1$ より

$$y(t) = (c_1 t + c_2) e^{\alpha t} + \frac{S}{\alpha^2} = (c_1 t + c_2) e^{-t} + S \tag{A.17}$$

である。初期条件 $y = dy/dt = 0$ より $c_1 = c_2 = -S$ であるから，解の式 (2.46) を得る。

A.2　特　異　値　分　解

特異値分解は，実行列にかぎらず一般に任意の複素行列に対して定義することができる。しかし，本書が対象とする問題の範囲では実行列で十分であるため，ここでは実行列に限って説明する。

$\mathbf{0}$ でない二つのベクトル $\boldsymbol{x}, \boldsymbol{y}$ の内積が 0 である，すなわち，$\boldsymbol{x}^\top \boldsymbol{y} = 0$ のとき，ベクトル $\boldsymbol{x}$ と $\boldsymbol{y}$ は直交するという。

正方行列 $\boldsymbol{Q} = (\boldsymbol{q}_1, \ldots, \boldsymbol{q}_m) \in \Re^{m \times m}$ の各列が直交し，かつ $\|\boldsymbol{q}_i\|_2^2 = 1$ のとき，すなわち

$$\boldsymbol{q}_i^\top \boldsymbol{q}_j = \begin{cases} 0 & (i \neq j) \\ 1 & (i = j) \end{cases} \tag{A.18}$$

のとき，行列 $\boldsymbol{Q}$ を正規直交行列という。正規直交行列は

$$\boldsymbol{Q}^\top \boldsymbol{Q} = \boldsymbol{Q} \boldsymbol{Q}^\top = \boldsymbol{I}$$

という性質をもつが，これより

$$\boldsymbol{Q}^\top = \boldsymbol{Q}^{-1}$$

であることがわかる。また，正規直交行列 $\boldsymbol{Q}$ によるベクトルの変換は

$$(\boldsymbol{Q}\boldsymbol{x})^\top (\boldsymbol{Q}\boldsymbol{y}) = \boldsymbol{x}^\top \boldsymbol{Q}^\top \boldsymbol{Q} \boldsymbol{y} = \boldsymbol{x}^\top \boldsymbol{I} \boldsymbol{y} = \boldsymbol{x}^\top \boldsymbol{y}$$

より，内積を保存することがわかる。ここで，$\boldsymbol{x} = \boldsymbol{y}$ とおけば

$$\|\boldsymbol{Q}\boldsymbol{x}\|_2 = \|\boldsymbol{x}\|_2$$

であるから，正規直交行列による変換は，長さを保存することがわかる。これより，鏡映変換や回転変換は正規直交行列で表される変換の一つであることがわかる。

正規直交行列 $\boldsymbol{U} \in \Re^{n \times n}$，$\boldsymbol{V} \in \Re^{m \times m}$ を用いて，任意の行列 $\boldsymbol{A} \in \Re^{n \times m}$ に対して

$$\boldsymbol{D} = \boldsymbol{U}^\top \boldsymbol{A} \boldsymbol{V} = \left(\begin{array}{ccc|c} \sigma_1 & & & \\ & \ddots & 0 & 0 \\ 0 & & \sigma_r & \\ \hline & 0 & & 0 \end{array} \right) \tag{A.19}$$

とすることができる。ただし，$r = \mathrm{rank}(\boldsymbol{A})$ である。$\sigma_i \ (i = 1, \ldots, r)$ を，行列 $\boldsymbol{A}$ の特異値という。また，$\sigma_1 \geqq \cdots \geqq \sigma_r > 0$ として一般性を失わない。式 (A.19) の両辺に左から $\boldsymbol{U}$，右から $\boldsymbol{V}^\top$ をそれぞれ掛けると

$$\boldsymbol{A} = \boldsymbol{U} \boldsymbol{D} \boldsymbol{V}^\top \tag{A.20}$$

を得る。式 (A.20) を，行列 $\boldsymbol{A}$ の特異値分解という。特異値分解は行列 $\boldsymbol{A}$ による変換を，$\boldsymbol{V}$ による長さを保った変換を行った後に，各座標軸方向に $\sigma_1, \ldots, \sigma_r, 0, \ldots, 0$ の倍率で伸縮し，さらに $\boldsymbol{U}$ による長さを保った変換をすることに分けて理解できることを示している。

特異値と固有値の間には，一定の関係がある。行列 $\boldsymbol{A}^\top \boldsymbol{A}$ の固有値 λ と固有ベクトル $\boldsymbol{x}$ は

$$\boldsymbol{A}^\top \boldsymbol{A} \boldsymbol{x} = \lambda \boldsymbol{x} \tag{A.21}$$

を満たすが

$$\boldsymbol{A}^\top \boldsymbol{A} = (\boldsymbol{U} \boldsymbol{D} \boldsymbol{V}^\top)^\top \boldsymbol{U} \boldsymbol{D} \boldsymbol{V}^\top = \boldsymbol{V} \boldsymbol{D}^\top \boldsymbol{U}^\top \boldsymbol{U} \boldsymbol{D} \boldsymbol{V}^\top = \boldsymbol{V} \boldsymbol{D}^\top \boldsymbol{D} \boldsymbol{V}^\top$$

であるから，式 (A.21) は

$$\boldsymbol{V} \boldsymbol{D}^\top \boldsymbol{D} \boldsymbol{V}^\top \boldsymbol{x} = \lambda \boldsymbol{x} \tag{A.22}$$

と表せる。式 (A.22) の両辺に左からそれぞれ $\boldsymbol{V}^\top$ を掛けると

$$\boldsymbol{D}^\top \boldsymbol{D} \boldsymbol{V}^\top \boldsymbol{x} = \lambda \boldsymbol{V}^\top \boldsymbol{x} \tag{A.23}$$

を得る。$\boldsymbol{y} = \boldsymbol{V}^\top \boldsymbol{x}$ とおくと，式 (A.23) は

$$\boldsymbol{D}^\top \boldsymbol{D} \boldsymbol{y} = \lambda \boldsymbol{y}$$

と表せて，これは，λ が行列 $\boldsymbol{D}^\top \boldsymbol{D}$ の固有値であることを示している。行列 $\boldsymbol{D}^\top \boldsymbol{D}$ は，行列 $\boldsymbol{A}$ の特異値の 2 乗である σ_i^2 を対角成分にもつ対角行列であるから，固有値は特異値の 2 乗に等しい関係があることがわかる。また，$\boldsymbol{y}$ は，σ_i^2 に対応した成分を 1，それ以外の成分を 0 にもつ単位ベクトルであるから，$\boldsymbol{x} = \boldsymbol{V} \boldsymbol{y} = \boldsymbol{v}_i$ より，固有ベクトルは $\boldsymbol{V}$ の列に対応することがわかる。行列 $\boldsymbol{A} \boldsymbol{A}^\top$ についても同様に示せて，この場合は $\boldsymbol{U}$ の列が固有ベクトルに対応することがわかる。したがって，行列 $\boldsymbol{A}^\top \boldsymbol{A}$ と行列 $\boldsymbol{A} \boldsymbol{A}^\top$ は，同じ非零固有値を共有することもわかる。

A.3　ポアソン分布

ポアソン分布

$$p(x; \lambda) = \frac{\lambda^x}{x!} e^{-\lambda}$$

の確率母関数は

$$G(t) = E[t^x] = e^{-\lambda} \sum_x t^x \frac{\lambda^x}{x!} = e^{\lambda(t-1)}$$

であるから，平均は

$$E[X] = \frac{d}{dt}G(t=1) = \lambda$$

となる。

$$E[X(X-1)] = \frac{d^2}{dt^2}G(t=1) = \lambda^2$$

より，$E[X^2] = \lambda^2 + \lambda$ なので，分散は

$$\mathrm{Var}[X] = E[X^2] - (E[X])^2 = \lambda$$

である。

X と Y はたがいに独立で $X \sim p(x; \lambda_x)$，$Y \sim p(y; \lambda_y)$ のとき，$Z = X + Y$ の確率母関数は

$$G_z(t) = E[t^z] = E[t^{X+Y}] = E[t^X]E[t^Y]$$
$$= e^{\lambda_x(t-1)}e^{\lambda_y(t-1)} = e^{(\lambda_x + \lambda_y)(t-1)}$$

となり，これはポアソン分布 $p(\cdot; \lambda_x + \lambda_y)$ の確率母関数である。よって，ポアソン分布は再生性をもつ。

A.4　化学マスター方程式の導出

$\boldsymbol{X}(t) = \boldsymbol{x} - \boldsymbol{\zeta}_j$ のとき，反応 R_j が起きて，$\boldsymbol{X}(t + \Delta t) = \boldsymbol{x}$ となる確率は

$$P(\boldsymbol{x}, t + \Delta t | \boldsymbol{x} - \boldsymbol{\zeta}_j, t, R_j) = \lambda_j(\boldsymbol{x} - \boldsymbol{\zeta}_j)\Delta t$$

である。便宜上，R_0 は無反応を表すとして，$\boldsymbol{\zeta}_0 = \boldsymbol{0}$ とすると

$$P(\boldsymbol{x}, t + \Delta t | \boldsymbol{x}, t) = P(\boldsymbol{x}, t + \Delta t | \boldsymbol{x} - \boldsymbol{\zeta}_0, t, R_0) = 1 - \sum_{j=1}^{M} \lambda_j(\boldsymbol{x})\Delta t$$

であるから

$$P(\boldsymbol{x}, t + \Delta t)$$
$$= \sum_{j=0}^{M} P(\boldsymbol{x}, t + \Delta t | \boldsymbol{x} - \boldsymbol{\zeta}_j, t, R_j)P(\boldsymbol{x} - \boldsymbol{\zeta}_j, t)$$
$$= P(\boldsymbol{x}, t + \Delta t | \boldsymbol{x}, t)P(\boldsymbol{x}, t) + \sum_{j=1}^{M} P(\boldsymbol{x}, t + \Delta t | \boldsymbol{x} - \boldsymbol{\zeta}_j, t, R_j)P(\boldsymbol{x} - \boldsymbol{\zeta}_j, t)$$

$$= \left\{ 1 - \sum_{j=1}^{M} \lambda_j(\boldsymbol{x}) \Delta t \right\} P(\boldsymbol{x}, t) + \sum_{j=1}^{M} \lambda_j(\boldsymbol{x} - \boldsymbol{\zeta}_j) \Delta t P(\boldsymbol{x} - \boldsymbol{\zeta}_j, t)$$

$$= P(\boldsymbol{x}, t) + \Delta t \sum_{j=1}^{M} \{ \lambda_j(\boldsymbol{x} - \boldsymbol{\zeta}_j) P(\boldsymbol{x} - \boldsymbol{\zeta}_j, t) - \lambda_j(\boldsymbol{x}) P(\boldsymbol{x}, t) \}$$

となる。これより

$$\frac{P(\boldsymbol{x}, t + \Delta t) - P(\boldsymbol{x}, t)}{\Delta t} = \sum_{j=1}^{M} \{ \lambda_j(\boldsymbol{x} - \boldsymbol{\zeta}_j) P(\boldsymbol{x} - \boldsymbol{\zeta}_j, t) - \lambda_j(\boldsymbol{x}) P(\boldsymbol{x}, t) \}$$

$$(A.24)$$

式 (A.24) において，$\Delta t \to 0$ とすることで式 (4.13) が得られる。

A.5 η_{int}，η_{ext} の 導 出

$P^{(m)}$ は蛍光タンパク質 m の発現量を表し，特に蛍光タンパク質の種類を区別する必要がないときは，m を表記せずに P と記すことにする。$P_k^{(m)}$ は細胞 k の蛍光タンパク質 m の発現量を表すとする。ノイズの強さを

$$\eta = \frac{E(P^2) - \{E(P)\}^2}{\{E(P)\}^2}$$

と定義し，これは変動係数の 2 乗に等しい。外因性ノイズを E，内因性ノイズを I と表すと

$$\int dE dI \, p(E, I) P^{(m)}(E, I) = \int dE \, p(E) \int dI \, p(I|E) P^{(m)}(E, I)$$

$$\approx \frac{1}{N} \sum_{k}^{N} P_k^{(m)}$$

である。

$$\langle P^{(m)}(E) \rangle = \int dI \, p(I|E) P^{(m)}(E, I)$$

$$\overline{\langle P^{(m)}(E) \rangle} = \int dE \, p(E) P^{(m)}(E)$$

とおく。すると，ノイズの総量は

$$\eta_{\text{tot}}^2 = \frac{\overline{\langle P^2 \rangle} - \left(\overline{\langle P \rangle} \right)^2}{\left(\overline{\langle P \rangle} \right)^2}$$

であるが

$$\overline{\langle P^2\rangle} - \left(\overline{\langle P\rangle}\right)^2 = \overline{\langle P^2\rangle} - \overline{\langle P\rangle^2} + \overline{\langle P\rangle^2} - \left(\overline{\langle P\rangle}\right)^2$$
$$= \overline{\langle P^2\rangle - \langle P\rangle^2} + \overline{\langle P\rangle^2} - \left(\overline{\langle P\rangle}\right)^2$$

より

$$\eta_{\text{tot}}^2 = \frac{\overline{\langle P^2\rangle - \langle P\rangle^2}}{\left(\overline{\langle P\rangle}\right)^2} + \frac{\overline{\langle P\rangle^2} - \left(\overline{\langle P\rangle}\right)^2}{\left(\overline{\langle P\rangle}\right)^2} \equiv \eta_{\text{ext}}^2 + \eta_{\text{int}}^2$$

となる。C が CFP，Y が YFP を表すとして

$$\overline{\langle P\rangle} = \frac{1}{N}\sum_k^N P_k$$

$$\left(\overline{\langle P\rangle}\right)^2 = \left\{\int dE\; p(E)\int dI\; p(I|E)P(E,I)\right\}^2$$
$$= \left\{\int dE\; p(E)\int dI\; _C p(I_C|E)P^{(C)}(E,I_C)\right\}$$
$$\times \left\{\int dE\; p(E)\int dI\; _Y p(I_Y|E)P^{(Y)}(E,I_Y)\right\}$$
$$= \left\{\frac{1}{N}\sum_k^N P_k^{(C)}\right\}\left\{\frac{1}{N}\sum_k^N P_k^{(Y)}\right\} = \langle C\rangle\langle Y\rangle$$

$$\overline{\langle P^2\rangle} = \int dE\; p(E)\left\{\int dI\; p(I|E)P(E,I)\right\}^2$$
$$= \int dE\; p(E)\left\{\int dI\; _C p(I_C|E)P^{(C)}(E,I_C)\right\}$$
$$\times \left\{\int dI\; _Y p(I_Y|E)P^{(Y)}(E,I_Y)\right\}$$
$$= \frac{1}{N}\sum_k^N P_k^{(C)}P_k^{(Y)} = \langle CY\rangle$$

である。また，$\overline{\langle P^2\rangle} = \overline{\langle (P^{(C)})^2\rangle} = \overline{\langle (P^{(Y)})^2\rangle}$ より

$$\overline{\langle P^2\rangle} = \frac{1}{2}\left\{\overline{\langle (P^{(C)})^2\rangle} + \overline{\langle (P^{(Y)})^2\rangle}\right\}$$

である。$P^{(C)}$ と $P^{(Y)}$ は無相関であるので，$\overline{\langle P\rangle^2} = \overline{\langle P^{(C)}\rangle\langle P^{(Y)}\rangle} = \overline{\langle P^{(C)}P^{(Y)}\rangle}$ であることから

$$\overline{\langle P^2\rangle - \langle P\rangle^2} = \overline{\langle P^2\rangle} - \overline{\langle P\rangle^2}$$

$$= \frac{1}{2} \left\{ \overline{\langle (P^{(C)})^2 \rangle} + \overline{\langle (P^{(Y)})^2 \rangle} \right\} - \overline{\langle P^{(C)} P^{(Y)} \rangle}$$

$$= \frac{1}{2} \left\{ \overline{\left\langle (P^{(C)})^2 - 2 P^{(C)} P^{(Y)} + (P^{(Y)})^2 \right\rangle} \right\}$$

$$= \frac{1}{2} \left\{ \overline{\left\langle (P^{(C)} - P^{(Y)})^2 \right\rangle} \right\}$$

$$\approx \frac{1}{2N} \sum_k^N \left\{ P_k^{(C)} - P_k^{(Y)} \right\}^2 = \frac{1}{2} \langle (C - Y)^2 \rangle$$

である。ただし，C および Y に関して，$\langle \cdot \rangle$ は細胞集団の平均を表す。したがって，式 (4.26), (4.25), (4.27) が得られる。

A.6 Blahut–Arimoto アルゴリズム

通信路 $p(y|x)$ が与えられた下で，通信路容量

$$\max_{p(x)} I(X; Y) = \max_{p(x)} \sum_{x,y} p(x, y) \ln \frac{p(y|x)}{p(y)} \tag{A.25}$$

を数値的に評価する。

$$f(r(x), q(x|y)) \equiv \sum_{x,y} r(x) p(y|x) \ln \frac{q(x|y)}{r(x)}$$

とおくと

$$\max_{p(x)} I(X; Y) = \sup_{r(x) > 0} \max_{q(x|y)} f(r(x), q(x|y))$$

と，最大化問題 (A.25) を置き換えることができる。

$$q^*(x|y) = \arg_{q(x|y)} \max_{q(x|y)} f(r(x), q(x|y))$$

とすれば

$$q^*(x|y) = \frac{r(x) p(y|x)}{\sum_x r(x) p(y|x)}$$

のとき，$f(r(x), q(x|y))$ は最大となる。なぜなら

$$w(y) = \sum_x r(x) p(y|x)$$

とおいて

$$r(x)p(y|x) = \left\{ \sum_x r(x)p(y|x) \right\} p(x|y) = w(y)q^*(x|y)$$

であるから

$$f(r(x), q^*(x|y)) - f(r(x), q(x|y))$$
$$= \sum_{x,y} r(x)p(y|x) \ln \frac{q^*(x|y)}{r(x)} - \sum_{x,y} r(x)p(y|x) \ln \frac{q(x|y)}{r(x)}$$
$$= \sum_{x,y} r(x)p(y|x) \ln \frac{q^*(x|y)}{q(x|y)} = \sum_{x,y} w(y)q^*(x|y) \ln \frac{q^*(x|y)}{q(x|y)}$$
$$= \sum_y w(y)D\left(q^*(x|y)||q(x|y)\right) \geq 0$$

これが任意の $q(x|y) > 0$ に対して成り立ち，等号は $q(x|y) = q^*(x|y)$ のときである
からである。

つぎに，$q(x|y)$ を固定して，部分問題

$$\sup_{r(x)>0} f(r(x), q(x|y)) \text{ subject to } \sum_x r(x) = 1$$

を解く。拘束条件をラグランジュ未定乗数法によって付加して，目的関数

$$J_\lambda \equiv f(r(x), q(x|y)) - \lambda \sum_x \{r(x) - 1\} \tag{A.26}$$

を最大化する。J_λ の変分をとると

$$\frac{\delta J_\lambda}{\delta r(x)} = \sum_y p(y|x) \ln q(x|y) - \ln r(x) - (\lambda + 1)$$

となる。変分条件から

$$\frac{\delta J_\lambda}{\delta r(x)} = 0$$
$$\iff \ln r(x) = \sum_y p(y|x) \ln q(x|y) - (\lambda + 1)$$
$$\iff r(x) = e^{-(\lambda+1)} \prod_y q(x|y)^{p(y|x)}$$

である。また

$$\frac{\partial J_\lambda}{\partial \lambda} = 0$$

$$\iff r(x) = \frac{1}{Z(y)} \prod_y q(x|y)^{p(y|x)}$$

$$Z(y) = \sum_x \prod_y q(x|y)^{p(y|x)}$$

である。

したがって

$$p(x) = \frac{1}{Z(y)} \prod_y q(x|y)^{p(y|x)} = \frac{1}{Z(y)} \prod_y \left\{ \frac{p(y|x)p(x)}{\sum_x p(y|x)p(x)} \right\}^{p(y|x)}$$

$$= \frac{1}{Z(y)} \exp\left[\sum_y p(y|x) \ln \frac{p(y|x)p(x)}{\sum_x p(y|x)p(x)} \right]$$

$$= \frac{1}{Z(y)} p(x) \exp\left[D\left(p(y|x) || p(y) \right) \right]$$

であるから，$t = 0, 1, 2, \ldots$ を更新ステップとして，更新式

$$\left.\begin{array}{l} p^{(t+1)}(x) = \dfrac{1}{Z^{(t)}(y)} p^{(t)}(x) \exp\left[D\left(p(y|x) || p^{(t)}(y) \right) \right] \\ p^{(t)}(y) = \displaystyle\sum_x p(y|x) p^{(t)}(x) \end{array}\right\} \tag{A.27}$$

を得る。更新式 (A.27) は，**Blahut–Arimoto** アルゴリズムと呼ばれ，$t = 0$ で設定した適当な初期値から更新を繰り返し，収束した時点で分布 $p^{(t)}(x)$ は通信路容量を与える。

A.7 k 近傍を用いた情報量を推定する式の導出

k 近傍を用いた情報量を推定する式の導出の概略を以下に示す。$\boldsymbol{X}$ の確率密度分布を $\mu(\boldsymbol{x})$ として

$$P_i(\epsilon) = \int_{\|\boldsymbol{\xi} - \boldsymbol{x}_i\| < \frac{\epsilon}{2}} d\boldsymbol{\xi}\, \mu(\boldsymbol{\xi})$$

とおく。$P_k(\epsilon)$ を $\boldsymbol{x}_i$ と k 近傍との距離の確率密度分布とすると

$$P_k(\epsilon) \approx k \binom{n-1}{k} P_i(\epsilon)^{k-1} \{1 - P_i(\epsilon)\}^{n-k-1} \frac{dP_i}{d\epsilon}$$

であるから

$$E_{P_k(\epsilon)}\left[\log P_i(\epsilon)\right] = \int_0^\infty d\epsilon\ P_k(\epsilon) \log P_i(\epsilon)$$

$$= k \binom{n-1}{k} \int_0^1 dp\ p^{k-1}(1-p)^{n-k-1} \log p$$

$$= \psi(k) - \psi(n) \tag{A.28}$$

となる。一方，確率密度分布 $\mu(\boldsymbol{x}_i)$ が直径 ϵ の球内で一様と見なせる範囲で

$$P_i(\epsilon) \approx c_{d_x} \epsilon^{d_x} \mu(\boldsymbol{x}_i)$$

と近似できて

$$E_{P_k(\epsilon)}\left[\log P_i(\epsilon)\right] \approx E_{P_k(\epsilon)}\left[c_{d_x} \epsilon^{d_x} \mu(\boldsymbol{x}_i)\right]$$

$$= \log c_{d_x} + \log \mu(\boldsymbol{x}_i) + d_x E_{P_k(\epsilon)}\left[\log \epsilon\right] \tag{A.29}$$

式 (A.28) と式 (A.29) を比べて

$$\log \mu(\boldsymbol{x}_i) = \psi(k) - \psi(n) - \log c_{d_x} - d_x E_{P_k(\epsilon)}\left[\log \epsilon\right]$$

を得る。これより

$$H(\boldsymbol{X}) = -\int d\boldsymbol{x}\ \mu(\boldsymbol{x}) \log \mu(\boldsymbol{x}) \approx -\frac{1}{n} \sum_i^n \log \mu(\boldsymbol{x}_i)$$

$$= -\psi(k) + \psi(n) + \log c_{d_x} + \frac{d_x}{n} \sum_i^n \log \epsilon(i)$$

$$\approx -\frac{1}{n} \sum_i^n \psi(n_x(i)) + \psi(n) + \log c_{d_x} + \frac{d_x}{n} \sum_i^n \log \epsilon(i)$$

となって，式 (7.21) が得られる。同様にして $H(\boldsymbol{X}, \boldsymbol{Y})$ が式 (7.22) として得られ，相互情報量として式 (7.23) が得られる。

A.8 $\sigma_g(c)$ が小さいとき，および大きいときの通信路容量の近似

(i) $\underline{\sigma_g(c)\ が小さいとき}$

$$I(c;g) = \int dc\ p(c) \int dg\ p(g|c) \log \frac{p(g|c)}{p(g)}$$

$$= \int dc\ p(c) \int dg\ p(g|c) \log p(g|c) - \int dg\ p(g) \log p(g)$$

通信路の式 (7.24) を代入して計算すると

$$I(c;g) = -\frac{1}{2}E_{p(c)}\left[\log\{2\pi e\sigma_g^2(c)\}\right] - E_{p(g)}\left[\log p(g)\right]$$

であるが，$\sigma_g(c) \to 0$ のとき上式の第 2 項は

$$E_{p(g)}\left[\log p(g)\right] \approx \log p(\bar{g}) + \frac{1}{2}\frac{\partial^2}{\partial g^2}\log p(\bar{g})\sigma_g^2(c) \approx \log p(\bar{g})$$

であるから

$$I(c;g) \approx -E_{p(c)}\left[\log\{\sqrt{2\pi e}\sigma_g(c)p(\bar{g})\}\right] \tag{A.30}$$

である。$p(c)dc = p(\bar{g})d\bar{g}$ より

$$p(\bar{g}) = p(c(\bar{g}))\left|\frac{d\bar{g}}{dc}\right|_{c=c(\bar{g})}^{-1}$$

となるような分布 $p(\bar{g})$ が存在するので，式 (A.30) の $p(c)$ を $p(\bar{g})$ で書き換えて

$$I(c;g) \approx -E_{p(\bar{g})}\left[\log\{\sqrt{2\pi e}\sigma_g(\bar{g})p(\bar{g})\}\right]$$

であるから，通信路容量は

$$C = \max_{p(\bar{g})} -E_{p(\bar{g})}\left[\log\{\sqrt{2\pi e}\sigma_g(\bar{g})p(\bar{g})\}\right] \text{ subject to } \int d\bar{g}\, p(\bar{g}) = 1 \quad (A.31)$$

と定式化される。最大化問題 (A.31) は

$$\mathcal{L}(p(\bar{g})) = -E_{p(\bar{g})}\left[\log\{\sqrt{2\pi e}\sigma_g(\bar{g})p(\bar{g})\}\right] - \lambda\int d\bar{g}\, p(\bar{g})$$

の極値問題へと置き換えられて

$$\frac{\delta\mathcal{L}}{\delta p(\bar{g})} = 0, \quad \frac{\partial\mathcal{L}}{\partial\lambda} = 0 \iff p(\bar{g}) = \frac{(\sigma_g(\bar{g}))^{-1}}{z}$$

$$z = \int d\bar{g}\,(\sigma_g(\bar{g}))^{-1}$$

となる。よって

$$C = \log\frac{z}{\sqrt{2\pi e}}$$

である。

(ii)　$\sigma_g(c)$ が大きいとき

$$\left.\begin{array}{l} p(g|c_{\min}) = \mathcal{N}(g|0,1) \\ p(g|c_{\max}) = \mathcal{N}(g|\mu,\sigma^2) \end{array}\right\} \tag{A.32}$$

とおいて，一般性を失わない。Bicoind の活性が $c = c_{\min}$ で on，$c = c_{\max}$ で off になるとし，二つの分布 (A.32) の交点 $c = h$ を境に，Hunchback の活性 g がそれぞれ on と off をとる非対称 2 元通信路を

$$p(g = \mathrm{off}|c = \mathrm{off}) \equiv \xi, \qquad p(g = \mathrm{off}|c = \mathrm{on}) \equiv \eta$$

と見なせば

$$\eta = \frac{1}{2}\mathrm{erfc}\left(-\frac{h - \mu}{\sqrt{2\sigma^2}}\right), \qquad \xi = \frac{1}{2}\mathrm{erfc}\left(-\frac{h}{\sqrt{2}}\right)$$

となる。erfc$(\cdot)$ は，補誤差関数

$$\mathrm{erfc}(x) \equiv \frac{2}{\sqrt{\pi}} \int_x^\infty dt \; e^{-t^2}$$

である。この非対称 2 元通信路の通信路容量は，式 (7.26) で与えられる。

引用・参考文献

1) H. Kitano：Systems Biology: A Brief Overview, Science, **295**, 5560, pp.1662–1664 (2002)；https://dx.doi.org/10.1126/science.1069492

2) H. Kitano：Computational Systems Biology, Nature, **420**, 6912, pp.206–210 (2002)；https://dx.doi.org/10.1038/nature01254

3) S. Sasagawa, Y. Ozaki, K. Fujita and S. Kuroda：Prediction and Validation of the Distinct Dynamics of Transient and Sustained Erk Activation. Nat. Cell Biol. **7**, 4, pp.365–373 (2005)；https://dx.doi.org/10.1038/ncb1233

4) M. Fujii, Y. Murakami, Y. Karasawa, Y. Sumitomo, S. Fujita, M. Koyama, S. Uda, H. Kubota, H. Inoue, K. Konishi, S. Oba, S. Ishii and S. Kuroda：Logical Design of Oral Glucose Ingestion Pattern Minimizing Blood Glucose in Humans, NPJ Syst. Biol. Appl., **5**, 31 (2019)；https://dx.doi.org/10.1038/s41540-019-0108-1

5) J.T. Mettetal, D. Muzzey, C. Gomez–Uribe and A. van Oudenaarden：The Frequency Dependence of Osmo–Adaptation in Saccharomyces Cerevisiae, Science, **319**, 5862, pp.482–484 (2008)；https://dx.doi.org/10.1126/science.1151582

6) JE. Ferrell, Jr.：Tripping the switch fantastic: how a protein kinase cascade can convert graded inputs into switch–like outputs, Trends Biochem. Sci., **21**(12), pp.460–466 (1996)；doi: 10.1016/s0968-0004(96)20026-x. PMID: 9009826

7) JE. Ferrell, Jr.：Perfect and Near–Perfect Adaptation in Cell Signaling, Cell Systems, **2**(2), pp.62–67 (2016)

8) E.M. Ozbudak, M. Thattai, H.N. Lim, B.I. Shraiman and A. van Oudenaarden：Multistability in the lactose utilization network of Escherichia coli, Nature, **427**, pp.737–740 (2004)

9) R. FitzHugh：Impulses and physiological states in theoretical models of nerve membrane, Biophysical J., **1**, pp.445–466 (1961)

10) J. Nagumo, S. Arimoto and S. Yoshizawa：An active pulse transmission line

simulating nerve axon, Proc. IRE, **50**, pp.2061–2070 (1962)

11) J.P. Keener : Principles of applied mathematics, CRC press (1988)

12) DT. Gillespie : A general method for numerically simulating the stochastic time evolution of coupled chemical reactions, J. Comput. Phys., **22**, pp.403–434 (1976)

13) DT. Gillespie : Exact stochastic simulation of coupled chemical reactions, J. Phys. Chem., **81**, pp.2340–2361 (1977)

14) DT. Gillespie : Approximate accelerated stochastic simulation of chemically reacting systems, J. Chem. Phys., **115**(4), pp.1716–1733 (2001)

15) DT. Gillespie and LR. Petzold : Improved leap–size selection for accelerated stochastic simulation, J. Chem. Phys., **119**(16), pp.8229–8234 (2003)

16) Y. Cao, DT. Gillespie and LR. Petzold : Efficient step size selection for the tau–leaping simulation method, J. Chem. Phys., **124**, 044109 (2006)

17) DT. Gillespie : The chemical Langevin equation, J. Chem. Phys., **113**, pp.297–306 (2000)

18) M.B. Elowitz, A.J. Levine, E.D. Siggia and P.S. Swain : Stochastic Gene Expression in a Single Cell, Science, **297**, 5584, pp.1183–1186 (2002)

19) J. Paulsson : Summing up the noise in gene networks, Nature, **427**, pp.415–418 (2004)

20) P.S. Swain, M.B. Elowitz and E.D. Siggia : Intrinsic and extrinsic contributions to stochasticity in gene expression, Proc. Natl. Acad. Sci. U.S.A, **99**, 20, pp.12795–12800 (2002) ; doi: 10.1073/pnas.162041399

21) L.J. Fogel, A.J. Owens and M.J. Walsh : Artificial Intelligence through Simulated Evolution, Wiley, New York (1966)

22) S. Boyd and L. Vandenberghe : Convex Optimization, Cambridge University Press (2004)

23) J. Geweke : Evaluating the accuracy of sampling–based approaches to the calculation of posterior moments, In Bayesian Statistics, **4**, J.M. Bernardo, J.O. Berger, A.P. Dawid, and A.F.M. Smith eds., pp.169–193, Oxford University Press, Oxford (1992)

24) A. Gelman, G.O. Roberts and W.R. Gilks : Efficient Metropolis jumping rules, In Bayesian Statistics, **5**, J. Bernardo et al. eds., pp.599–607, Oxford University Press (1996)

25) G.O. Roberts, A. Gelman and W.R. Gilks : Weak convergence and opti-

mal scaling of random walk Metropolis algorithms, Ann. Appl. Prob., **7**, pp.110–120 (1997)

26) B. Schölkopf and A.J. Smola：Learning with Kernels: Support Vector Machines, Regularization, Optimization, and Beyond, Adaptive Computation and Machine Learning, MIT Press, Cambridge, Mass. (2002)

27) K.A. Janes, J.G. Albeck, S. Gaudet, P.K. Sorger, D.A. Lauffenburger and M.B. Yaffe：A Systems Model of Signaling Identifies a Molecular Basis Set for Cytokine–Induced Apoptosis, Science, **310**, 5754, pp.1646–1653 (2005)；https://dx.doi.org/10.1126/science.1116598

28) T.M. Cover and J.A. Thomas：Elements of Information Theory, 2nd Edition, Wiley–Interscience (2006)

29) S. Arimoto：An algorithm for computing the capacity of arbitrary discrete memoryless channels, IEEE Trans. Information Theory, **18**:1, pp.14–20 (1972)；doi: 10.1109/TIT.1972.1054753

30) R.E. Blahut：Computation of channel capacity and rate–distortion functions, IEEE Trans. Information Theory, **18**:4, pp.460–473 (1972)；doi: 10.1109/TIT.1972.1054855

31) A.M. Fraser and H.L. Swinney：Independent Coordinates for Strange Attractors from Mutual Information, Phys. Rev. A Gen. Phys., **33**, 2, pp.1134–1140 (1986)；https://dx.doi.org/10.1103/physreva.33.1134

32) C.O. Daub, R. Steuer, J. Selbig and S. Kloska：Estimating Mutual Information Using B–Spline Functions – an Improved Similarity Measure for Analysing Gene Expression Data, BMC Bioinformatics, **5**, 1, p.118 (2004)；https://dx.doi.org/10.1186/1471-2105-5-118

33) A. Kraskov, H. Stogbauer and P. Grassberger：Estimating Mutual Information, Phys. Rev. E Stat. Nonlin. Soft Matter Phys., **69**, 6, Pt 2, 066138 (2004)；https://dx.doi.org/10.1103/PhysRevE.69.066138

34) G. Tkăcik, C.G. Callan, Jr. and W. Bialek：Information Flow and Optimization in Transcriptional Regulation, Proc. Natl. Acad. Sci. U.S.A, **105**, 34, pp.12265–12270 (2008)；https://dx.doi.org/10.1073/pnas.0806077105

35) R. Cheong, A. Rhee, C.J. Wang, I. Nemenman and A. Levchenko：Information Transduction Capacity of Noisy Biochemical Signaling Networks, Science, **334**, 6054, pp.354–358 (2011)；https://dx.doi.org/10.1126/science.1204553

36) S. Uda, T.H. Saito, T. Kudo, T. Kokaji, T. Tsuchiya, H. Kubota, Y. Komori, Y. Ozaki and S. Kuroda : Robustness and Compensation of Information Transmission of Signaling Pathways, Science, **341**, 6145, pp.558–561 (2013) ; https://dx.doi.org/10.1126/science.1234511

37) J. Selimkhanov, B. Taylor, J. Yao, A. Pilko, J. Albeck, A. Hoffmann, L. Tsimring and R. Wollman : Accurate Information Transmission through Dynamic Biochemical Signaling Networks, Science, **346**, 6215, pp.1370–1373 (2014) ; https://dx.doi.org/10.1126/science.1254933

38) A. Keshelava, G.P. Solis, M. Hersch, A. Koval, M. Kryuchkov, S. Bergmann and V.L. Katanaev : High Capacity in G Protein–Coupled Receptor Signaling, Nat. Commun., **9**, 1, p.876 (2018) ; https://dx.doi.org/10.1038/s41467-018-02868-y

39) T. Wada, K.I. Hironaka, M. Wataya, M. Fujii, M. Eto, S. Uda, D. Hoshino, K. Kunida, H. Inoue, H. Kubota, T. Takizawa, Y. Karasawa, H. Nakatomi, N. Saito, H. Hamaguchi, Y. Furuichi, Y. Manabe, N.L. Fujii and S. Kuroda : Single–Cell Information Analysis Reveals That Skeletal Muscles Incorporate Cell–to–Cell Variability as Information Not Noise, Cell Rep., **32**, 9, p.108051 (2020) ; https://dx.doi.org/10.1016/j.celrep.2020.108051

索　引

—— 監修者・著者略歴 ——

浜田　道昭（はまだ　みちあき）
2000年　東北大学理学部数学科卒業
2002年　東北大学大学院理学研究科修士課程修了
　　　　（数学専攻）
2002年　株式会社富士総合研究所研究員
2009年　東京工業大学大学院総合理工学研究科
　　　　博士後期課程（社会人博士）修了（知
　　　　能システム科学専攻）
　　　　博士（理学）
2010年　東京大学特任准教授
2014年　早稲田大学准教授
2018年　早稲田大学教授
　　　　現在に至る

宇田　新介（うだ　しんすけ）
2001年　東京都立大学工学部電子情報工学科卒業
2003年　東京工業大学大学院総合理工学研究科
　　　　修士課程修了（知能システム科学専攻）
2006年　東京工業大学大学院総合理工学研究科
　　　　博士後期課程修了（知能システム科学
　　　　専攻）
　　　　博士（理学）
2007年　東京大学博士研究員
2010年　東京大学特任助教
2014年　九州大学准教授
　　　　現在に至る

システムバイオロジー
Systems Biology　　　　　　　　　　　　　　　　　ⓒ Shinsuke Uda 2022

2022 年 11 月 17 日　初版第 1 刷発行

検印省略

監　修　者　浜　　田　　道　　昭
著　　　者　宇　　田　　新　　介
発　行　者　株式会社　　コ　ロ　ナ　社
　　　　　　代　表　者　牛　来　真　也
印　刷　所　三　美　印　刷　株　式　会　社
製　本　所　株　式　会　社　　グ　リ　ー　ン

112–0011　東京都文京区千石 4–46–10
発　行　所　株式会社　コ　ロ　ナ　社
CORONA PUBLISHING CO., LTD.
Tokyo Japan
振替 00140–8–14844・電話(03)3941–3131(代)
ホームページ　https://www.coronasha.co.jp

ISBN 978–4–339–02734–1　C3355　Printed in Japan　　　　　　　（金）

シリーズ 情報科学における確率モデル

（各巻A5判）

■編集委員長　土肥　正
■編集委員　　栗田多喜夫・岡村寛之

定価は本体価格＋税です。
定価は変更されることがありますのでご了承下さい。

図書目録進呈◆

バイオテクノロジー教科書シリーズ

（各巻A5判，欠番は未発行です）

■編集委員長　太田隆久
■編 集 委 員　相澤益男・田中渥夫・別府輝彦

定価は本体価格+税です。
定価は変更されることがありますのでご了承下さい。

‖‖‖‖‖‖‖‖‖‖‖‖‖‖‖‖‖‖‖‖‖‖‖　図書目録進呈◆

バイオインフォマティクスシリーズ

（各巻A5判）

■監修　浜田　道昭

定価は本体価格+税です。
定価は変更されることがありますのでご了承下さい。

図書目録進呈◆